51 单片机应用实践教程

主　编　张春青　赵　玮
副主编　崔志强　王红光　刘晓寅
参　编　王晓亮　韩彦龙　王　睿
主　审　郭山国

北京理工大学出版社
BEIJING INSTITUTE OF TECHNOLOGY PRESS

图书在版编目（CIP）数据

51 单片机应用实践教程 / 张春青,赵玮主编 . -- 北京:北京理工大学出版社,2023.6
ISBN 978 - 7 - 5763 - 2489 - 1

Ⅰ.①5… Ⅱ.①张…②赵… Ⅲ.①单片微型计算机 - 高等学校 - 教材 Ⅳ.①TP368.1

中国国家版本馆 CIP 数据核字(2023)第 112118 号

责任编辑：封 雪		**文案编辑：**封 雪	
责任校对：刘亚男		**责任印制：**李志强	

出版发行 / 北京理工大学出版社有限责任公司

社　　址 / 北京市丰台区四合庄路 6 号

邮　　编 / 100070

电　　话 / (010) 68914026（教材售后服务热线）
　　　　　　(010) 68944437（课件资源服务热线）

网　　址 / http://www.bitpress.com.cn

版 印 次 / 2023 年 6 月第 1 版第 1 次印刷

印　　刷 / 涿州市新华印刷有限公司

开　　本 / 787 mm × 1092 mm　1/16

印　　张 / 11

字　　数 / 253 千字

定　　价 / 68.00 元

前　言

时至今日，单片机已经成为嵌入式系统开发的不可或缺的组成部分。它的应用涵盖了各个领域，从家电到汽车控制，从智能设备到工业自动化。作为一种小巧、高效、可靠的控制器，单片机具备着让人眼花缭乱的潜力和无限可能。本书旨在帮助广大嵌入式系统开发者和爱好者快速入门并掌握单片机的应用技能。

本书采用项目式课程教学方法，按照企业一线用人岗位的职业需求进行编写。内容以学生就业为导向，以企业典型的产品及工作任务为载体，将工作对象、使用工具、工作方法、工作要求、思政元素等要素融入其中，具有鲜明的"工学结合"特色。

本书的编写以项目为载体，每个项目都以企业实际的工作案例引入，然后进行相关的实践操作，在每个任务后还有与之对应的相关知识的拓展应用，是典型的基于工作过程的"教、学、做一体化"教材。在内容上，既有"做"的内容，又有为"做"的内容服务的基础知识，有利于学生牢固掌握单片机的硬件结构、单片机的输入输出、单片机的中断系统及定时/计数器、显示系统、步进电机与直流电机控制、通信系统及物联网系统的相关实践技能和理论知识。

本书具有以下几大特色：

（1）全面而实用的内容：本书涵盖了单片机应用开发的各个方面，从基础知识到高级应用，从硬件设计到软件编程，从常见传感器的应用到通信接口的实现，让读者能够系统地掌握单片机的相关技术。

（2）贴近实际的实战案例：我们深知理论与实践之间的差距，因此，在书中我们设计了具有实际应用场景的项目案例，通过案例的形式，读者将能够真实地感受到单片机在各个领域的应用，并通过实践提升自己的能力。

（3）详细的教学步骤和代码解析：为了让读者能够更加轻松地进行学习和理解，我们详细叙述了每一个实例的教学步骤，并提供了相关代码的解析和注释。这种细致入微的教学方式，旨在让读者能够迅速上手并灵活应用所学知识。

本书由河北石油职业技术大学的张春青、赵玮担任主编；由河北石油职业技术大学的崔志强，河北工业职业技术大学的王红光、刘晓寅担任副主编；河北石油职业技术大学的王晓亮、韩彦龙、王睿也参与了编写。具体分工如下：张春青编写项目1的任务1-1和任务1-2、项目6的任务6-1，赵玮编写项目3、项目4、项目5，王红光编写项目6的任务6-2、刘晓寅编写项目6的任务6-3，王晓亮编写项目1的任务1-3和任务1-4，韩彦龙编写项目 2 的任务 2 - 1，王睿编写项目 2 的任务 2 - 2。南昌尧奥网络科技有限公司的工程师荣福能对本书内容设计提出了很多宝贵意见，山东栋梁科技设备有限公司为本书提供了很多实际案例。全书由河北机电职业技术学院的郭山国担任主审。本书的编写还参阅了许多同行专家的论著文献，在次一并表示感谢。

同时，本书还提供了部分章节的代码讲解视频供使用者参考，具体代码可通过访问 www.rymcu.com 网站查找。

由于时间紧迫且水平有限，书中的疏漏之处在所难免，热忱欢迎读者对本书提出批评与建议。

编者

目　　录

项目1　单片机基础

任务 1-1　认识单片机

知识目标

1. 了解单片机的概念、特点和分类。
2. 掌握 51 单片机的最小系统。
3. 了解单片机的应用领域。

技能目标

根据 51 单片机最小系统电路图搭建 51 单片机最小系统。

素养目标

激发学生的学习兴趣，促使其加深认识所学专业和课程，培养专业归属感。

任务描述

单片机是一种集成电路芯片，是把一个计算机系统集成到一个芯片上来实现相应的功能。本任务从单片机的概念出发，讲解 51 单片机的最小系统及单片机的应用领域。

相关知识

1. 单片机的概念

单片机也叫单片微型计算机（single - chip microcomputer，SCM），是一种集成电路芯片，是采用超大规模集成电路技术把具有数据处理能力的中央处理器（CPU）、随机存储器（RAM）、只读存储器（ROM）、多种 I/O 口和中断系统、定时器/计时器等功能（可能还包括显示驱动电路、脉宽调制电路、模拟多路转换器、A/D 转换器等电路）集成到一块硅片上构成的一个小而完善的计算机系统，主要用于控制领域，因此又称为微型控制器（microcontroller unit，MCU）。单片机与微型计算机都是由 CPU、存储器和输入/输出接口电路组成的，但是两者也有一些不同点，两者的组成结构框图如图 1-1 所示。

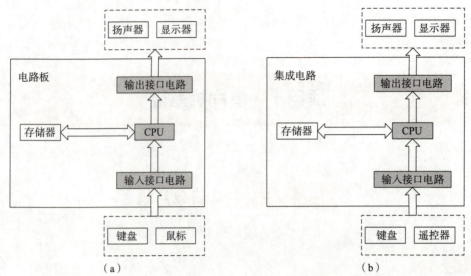

图1-1 微型计算机与单片机的组成结构框图
(a) 微型计算机；(b) 单片机

微型计算机的体积较大，功能强，属于桌面式应用，并且运算速度极快，能够进行多种数据运算，但价格昂贵，不适用于各种智能电子设备。而单片机的体积虽小，但是功能完整，属于嵌入式应用，运算速度较快，并且能够对数据进行实时处理，价格低廉，能够满足各种智能电子设备的需求。

2. 单片机的特点和分类

1）单片机的特点

单片机是集成在一块芯片上的完整计算机系统，其体积小、使用灵活、成本低、易于产品化、抗干扰能力强，具有以下特点：

（1）集成度高，体积小，可靠性高。单片机将各功能部件集成在一块晶体芯片上，集成度很高，体积自然也是最小的。芯片本身是按工业测控环境要求设计的，内部布线很短，其抗工业噪声性能优于一般通用的 CPU。单片机程序指令、常数及表格等固化在 ROM 中不易破坏，许多信号通道均在一个芯片内，故可靠性高。

（2）控制功能强。为了满足对象的控制要求，单片机的指令系统均有极丰富的条件：分支转移能力，I/O 口的逻辑操作及位处理能力，非常适用于专门的控制功能。

（3）电压低，功耗低，便于生产便携式产品。为了能够广泛应用于便携式系统，许多单片机内的工作电压仅为 3.3～5.0 V，而工作电流仅为数百微安。

（4）易于扩展。单片机的芯片内具有计算机正常运行所必需的部件。芯片外部有许多供扩展用的三总线及并行、串行输入/输出管脚，很容易构成各种规模的计算机应用系统。

（5）高性价比。单片机的性能极高。为了提高速度和运行效率，单片机已开始使用 RISC 流水线和 DSP 等技术。单片机的寻址能力也已突破 64 KB 的限制，有的已能达到 1 MB 和 16 MB，片内的 ROM 容量可达 62 MB，RAM 容量则可达 2 MB。单片机由于应用广泛，销量极大，各大公司的商业竞争更使其价格十分低廉，因此其性价比极高。

2）单片机的分类

由于单片机的应用范围很广，因此许多厂家都设计和生产单片机，常见的有美国的Inter公司生产的 MCS－51 系列单片机（8051、89C51 等）、STMicroelectronics 公司生产的STM32 系列单片机（STM32F1xx 和 STM32F4xx 等）、Atmel 公司生产的 AVR 系列单片机（ATmega16 等）和 MicroChip 公司生产的 PIC 系列单片机（PIC18 等）。

由于 Intel 公司将重点放在了 PC 芯片上，因此将 8051 单片机的内核使用权以专利出让或互换的形式转让给许多 IC 制造厂商，这些公司利用 8051 的内核设计生产出了与 8051 单片机兼容的一系列单片机。这些单片机是目前应用最广泛的单片机。MCS－51 单片机是具有 8051 单片机硬件内核且兼容 8051 指令的单片机系列，简称 51 单片机。

3）51 单片机最小系统

单独一个单片机的芯片是不能完成任何工作的，就像计算机的主板一样，必须配合电源等设备才能一起工作。对于单片机来说，能够使单片机工作的最小系统称为单片机最小系统，其中应该包括单片机、晶振电路、复位电路与电源。

图 1－2 所示为一个 51 单片机最小系统的电路图。

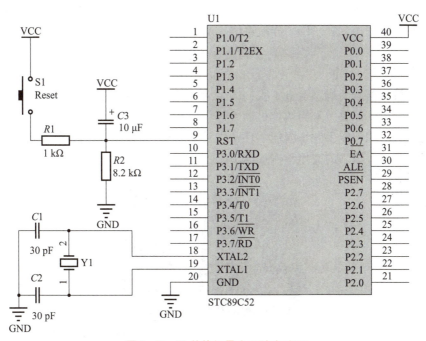

图 1－2　51 单片机最小系统电路图

复位电路：由电容串联电阻构成。由图 1－2 可知，当系统一上电，RST 引脚就会产生高电平，并且这个高电平的持续时间由 R 和 C 的值来确定。由于典型的 51 单片机的复位原理是当 RST 引脚上产生持续两个机器周期以上的高电平，因此只需要选取合适的 R 和 C 的值就可以做到。一般选取 $C = 10\ \mu F$，$R = 8.2\ k\Omega$。

晶振电路：晶振是晶体振荡器的简称，它为单片机提供一个基本的振荡源，就像人体的心跳一样，没有振荡源的单片机是无法启动的。典型的 51 单片机的晶振选取 11.059 2 MHz。

3. 单片机的应用

单片机由于其体积小、重量轻、价格便宜、功耗低并且控制能力强的特点，被广泛应用于工业、农业、商业、教育、国防及日常生活的各个领域。下面简单介绍单片机在一些领域的应用。

1）智能仪器

单片机可以结合不同类型的传感器，实现诸如电压、电流、功率、频率、湿度、温度、流量、速度、厚度、角度、长度、硬度、元素、压力等物理量的测量。采用单片机控制可使仪器仪表数字化、智能化、微型化，且功能比采用电子或数字电路更加强大，例如精密的测量设备（电压表、功率计、示波器及各种分析仪）。

2）工业控制

用单片机可以构成形式多样的控制系统、数据采集系统、通信系统、信号检测系统、无线感知系统、测控系统、机器人等应用控制系统。

3）汽车电子

单片机在汽车电子中的应用非常广泛，例如汽车中的发动机控制器，基于 CAN 总线的汽车发动机智能电子控制器、GPS 导航系统、ABS 防抱死系统、制动系统、胎压检测、行车记录仪等。

4）家用家居

近些年，智能家居的概念走进了我们的生活，例如具有无线控制功能的空调、电视、洗衣机、电饭煲、电灯开关、家用监控机器人等。除了这些以外，我们生活中的智能设备也和单片机息息相关，如智能手表、智能手环，以及我们每天都离不开的智能手机等。

单片机在智能家居中的应用举例如图 1-3 所示。

图 1-3　单片机在智能家居中的应用

51 单片机的最小系统

根据图 1-2 搭建 51 单片机的最小系统电路，并使用示波器测试 RST 引脚接收高电平的时间，画出复位过程中 RST 引脚的电平状态。

STM32 单片机

STM32 单片机主要是由意法半导体公司设计的微控制器，其中 ST 公司即意法半导体公司，STM32 单片机即 ST 公司使用 ARM 公司的 Cortex - M3 为核心生产的 32 位系列的单片机。其具有低功耗、低成本和高性能的特点，适用于嵌入式应用。其采用 ARM Cortex - O 内核，根据内核架构的不同，可以将其分成一系列产品，当前主流的产品包括 STM32F0 系列、STM32F1 系列、STM32F3 系列等，其中具有超低功耗的产品包括 STM32L0、STM32L1、STM32L4 等。由于 STM32 单片机中应用的内核具有先进的架构，其在实施性能以及功耗控制等方面都具有优异的表现，因此在整合和集成方面就有较大的优势，开发起来较为方便。该类型的单片机能非常迅速地实现开发和投入市场，当前市场中这种类型的单片机十分常见，类型多样，包括基础型、智能型和高级型等，应用都比较广泛。

STM32 系列基于专为要求高性能、低成本、低功耗的嵌入式应用专门设计的 ARM Cortex - M3 内核。按内核架构分为不同产品，其中 STM32F 系列产品有：STM32F101 "基本型"系列、STM32F103 "增强型"系列和 STM32F105、STM32F107 "互联型"系列。增强型系列时钟频率达到 72 MHz，是同类产品中性能最高的产品；基本型时钟频率为 36 MHz，以 16 位产品的价格得到比 16 位产品大幅提升的性能，是 32 位产品用户的最佳选择。两个系列都内置 32 ~ 128 KB 的闪存，不同的是 SRAM 的最大容量和外设接口的组合。时钟频率为 72 MHz 时，从闪存执行代码，STM32 功耗为 36 mA，相当于 0.5 mA/MHz。

STM32 的主要性能有：

（1）互联型系列、增强型系列时钟频率达到 72 MHz，是同类产品的天花板。基本型时钟频率为 36 MHz。

（2）32～128 KB 的闪存。

（3）功耗很低，是行业的天花板。

（4）丰富的内置资源（寄存器和外设功能），较 8051、AVR 和 PIC 都要多得多，基本上接近于计算机的 CPU，适用于手机、路由器等。

（5）STM32 单片机的 GPIO（通用型输入/输出引脚）具有多种类型的输入模式，具体包括浮空输入、下拉输入、上拉输入、模拟输入等；同时，其输出模式也比较多，包括开漏复用输出、推挽输出、推挽复用输出、开漏输出等模式。

（6）外围接口丰富。

（7）输出功率可以通过软件编程来进行控制。

（8）数据处理快，效率高，原因：在中央处理单元设计方面，其采用了零等待处理器，在运行过程中能实现无响应时间的数据处理。

（9）实用价值高：在数据接口的设计方面，采用了引脚和接口等设计，通过这样的设计使其可以完全满足单片机实际应用的需求。

（10）数据采集功能强：在内部接口方面，其实现了温度传感器的集成，并设置了模数转换器。

（11）用高级定时器代替了现有的传统通用性定时器。

（12）能够在不影响中央处理单元运行效率的情况下实现数据的双向传输：在进行内部结构设计时，在其中设置了存取寄存器。

（13）数据传输效率达到了一个新的高度。

为了保证单片机运行过程中的低能耗，STM32 单片机在设计过程中增加了低功耗模式，使系统可以保持低功耗运行，具体包括以下三种模式：休眠、停止和待机模式。其中，在休眠模式下，中央处理器单元会停止运行，而外设则会继续运行，当外设运行停止后，中央处理器单元会被唤醒；在停止模式下，系统会调用调压处理器，对一些不需要运行的功能进行功耗调节；在待机模式下，振荡器、调压器等都会处于关闭状态，直到外部复位出现警告才结束待机模式，这也使其有效降低了功耗。

任务 1-2 　 认识 51 单片机的硬件结构

知识目标

1. 掌握 51 单片机的内部结构。
2. 了解 51 单片机的硬件系统，熟练掌握单片机各引脚的功能。

技能目标

1. 根据 51 单片机的引脚功能对引脚进行分类。
2. 为 51 单片机的 P0 口选择合适的上拉电阻。

素养目标

培养学生举一反三、触类旁通的能力。

控制器都是由其内部的硬件结构组成的，本任务通过 51 单片机的内部硬件结构对其引脚进行分类，并讲解各引脚的功能。

1. 51 单片机的内部结构

51 单片机由以下 8 个部分组成：一个 8 位的微处理器（CPU），数据存储器（RAM），程序存储器（ROM），振荡器及时钟电路，两个 16 位的定时/计数器，中断系统，4 个可编程的 8 位并行 I/O（输入/输出）端口，一个可编程的串行端口。

51 单片机的内部组成框图如图 1-4 所示。

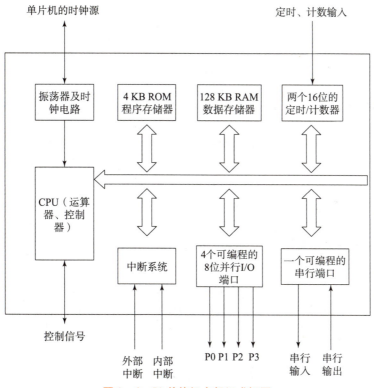

图 1-4　51 单片机内部组成框图

2. 51 单片机的引脚功能

51 单片机共有 40 个引脚，各个引脚的排列方式与功能如图 1-5 所示。51 单片机的引脚可分为三种，分别是工作条件引脚、I/O（输入/输出）引脚和控制引脚。

1）工作条件引脚

单片机的工作条件引脚共有 3 种，分别为电源引脚、复位引脚和时钟引脚，只有具备了这些基本的工作条件（电源、复位、时钟），单片机才能够正常工作。

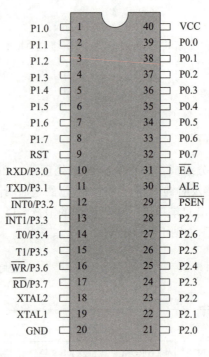

P1.0	1	40	VCC
P1.1	2	39	P0.0
P1.2	3	38	P0.1
P1.3	4	37	P0.2
P1.4	5	36	P0.3
P1.5	6	35	P0.4
P1.6	7	34	P0.5
P1.7	8	33	P0.6
RST	9	32	P0.7
RXD/P3.0	10	31	$\overline{EA}$
TXD/P3.1	11	30	ALE
$\overline{INT0}$/P3.2	12	29	$\overline{PSEN}$
$\overline{INT1}$/P3.3	13	28	P2.7
T0/P3.4	14	27	P2.6
T1/P3.5	15	26	P2.5
$\overline{WR}$/P3.6	16	25	P2.4
$\overline{RD}$/P3.7	17	24	P2.3
XTAL2	18	23	P2.2
XTAL1	19	22	P2.1
GND	20	21	P2.0

图 1-5　51 单片机的引脚

（1）电源引脚。51 单片机的电源引脚共有两个，分别是 40 脚（VCC）和 20 脚（GND）。其中 VCC 是电源正极引脚，接 +5 V；GND 是电源负极引脚，接 0，即接地。

（2）复位引脚。51 单片机的复位引脚是 9 脚（RST）。

在单片机刚接通电源时，内部的许多电路都处于混乱的状态，需要复位电路提供复位信号，使内部的电路进入初始状态，然后开始工作。8051 单片机的复位采用的是高电平复位，即在 RST 引脚上面接上高电平（+5 V），并且只有当高电平的时间超过 24 个时钟周期时，单片机才进入复位状态。

除此之外，RST 引脚还提供了掉电保护的功能，即一旦单片机因特殊原因失去供电，可在 RST 引脚上接一个备用的 5 V 电源，以保证内部 RAM 中的数据不会丢失。

（3）时钟引脚。51 单片机的时钟引脚共有两个，分别是 18 脚（XTAL2）和 19 脚（XTAL1）。

单片机内部是由大量的数字电路组成的，而数字电路工作时，需要用时钟信号进行控制，才能有次序地工作。51 单片机的 XTAL1 和 XTAL2 引脚外接的晶体振荡器及电容与内部的晶体振荡器构成了时钟电路，用来产生时钟信号供内部电路使用。除此之外，单片机也可以由外部的时钟电路提供时钟信号，外部时钟信号由 XTAL2 引脚输入单片机，此时 XTAL1 引脚悬空。

2）I/O（输入/输出）引脚

51 单片机共有 4 组 I/O（输入/输出）端口，分别为 P0、P1、P2 和 P3，每组端口有 8 个引脚，共 32 个引脚。

（1）P0 端口。P0 端口的名字分别是 P0.0 ~ P0.7，其对应的引脚编号为 39 ~ 32，其具体功能如下：

①这 8 个引脚可以用作普通的 I/O 引脚，既能作为输入端，也能作为输出端。作普通 I/O 引脚使用时，P0 口由于内部没有上拉电阻，因此要外接上拉电阻。还可以用作 16 位地址总线中的低 8 位地址总线，即当单片机外接存储器时，这 8 位引脚会输出 16 位地址总线中的低 8 位，用来选择外部存储器中的某些单元。

②可以用作 8 位数据总线，即当单片机外接存储器时，这 8 位引脚会首先当作地址总线使用，即和 P2.0 ～ P2.7 这 8 个引脚共同构成 16 位地址去选择外部存储器中的具体存储单元，选择完存储单元后，单片机会让这 8 个引脚转换成 8 位数据总线，和具体的存储单元进行数据传输。

（2）P1 端口。P1 端口的名字分别是 P1.0 ～ P1.7，其对应的引脚编号为 1 ～ 8，这 8 个引脚只能用于普通的 I/O 引脚，既能作为输入端，也能作为输出端。

（3）P2 端口。P2 端口的名字分别是 P2.0 ～ P2.7，其对应的引脚编号为 21 ～ 28，其具体功能如下：

①这 8 个引脚可以用作普通的 I/O 引脚，既能作为输入端，也能作为输出端。

②可以用作 16 位地址总线中的高 8 位地址总线。当单片机外接存储器时，这 8 位引脚会输出 16 位地址总线中的低 8 位，用来选择外部存储器中的某些单元。

（4）P3 端口。P3 端口的名字分别是 P3.0 ～ P3.7，其对应的引脚编号为 10 ～ 17，这 8 个引脚除了可以当作普通的 I/O 引脚以外，各个引脚还具有第二功能，具体功能如下：

P3.0（RXD）：串行通信数据接收引脚，外部的串行数据可通过此引脚进入单片机。

P3.1（TXD）：串行通信数据发送引脚，单片机内部的串行数据可通过此引脚发送到外部电路或存储设备。

P3.2（$\overline{\text{INT0}}$）：外部中断 0 信号输入引脚。

P3.3（$\overline{\text{INT1}}$）：外部中断 1 信号输入引脚。

P3.4（T0）：定时/计数器 0 的外部输入引脚。

P3.5（T1）：定时/计数器 1 的外部输入引脚。

P3.6（$\overline{\text{WR}}$）：向外部存储器写数据引脚。

P3.7（$\overline{\text{RD}}$）：从外部存储器读数据引脚。

51 单片机的 P0、P1、P2、P3 引脚具有多种功能，可以当作普通 I/O 端口使用，也可以用作具体的某些功能，如地址总线、数据总线或第二功能。具体应用哪一功能应当由单片机根据用户所编写的程序决定。但是某一具体时刻，端口的某一引脚只能用作某一具体功能。

3）控制引脚

单片机共有三个控制引脚（29、30、31），它们的主要功能是控制单片机使用外接存储器，并使单片机进入编程状态，将程序写入单片机。其引脚的具体功能如下：

（1）$\overline{\text{EA}}$引脚（31 脚）：内、外 ROM（程序存储器）选择控制端。

当 EA = 1（高电平，+ 5 V）时，单片机使用内、外 ROM，即先使用内部 ROM，当超出容量范围后，再使用外部 ROM；当 EA = 0（低电平，0）时，单片机只使用外部 ROM。

再使用编程器往单片机写入程序时，需要往该引脚加上 12 ～ 25 V 的编程电压，才能将程序写入内部 ROM。

（2）$\overline{\text{PSEN}}$引脚（29 脚）：外部 ROM 读选通信号端。

当单片机需要从外部 ROM 读取数据时，先将该引脚置 0（低电平），即当 PSEN = 0 时，外部 ROM 才允许单片机从中读取数据。

（3）ALE 引脚（30 脚）：地址锁存控制信号端。

当单片机在读写片外 RAM 或 ROM 中数据时，该引脚会输出 ALE 脉冲信号，将 P0 端口输出的低 8 位地址数据锁存在外部锁存器中，然后再将 P0 端口输出的 8 位数据进行输出。

 任务实施

1. 根据 51 单片机最小系统电路图搭建 P0 口上拉电阻的电路

P0 口用作普通 I/O 口时，必须外接上拉电阻，根据图 1-2 所示的最小系统电路图搭建 51 单片机 P0 口上拉电阻的电路，写出实现步骤并画出电路图。

2. 测试 P0 口的状态

在无外接上拉电阻和有外接上拉电阻两种情况下测试 51 单片机复位后，P0 口的输出电压和电流。

任务 1-3　掌握 C51 语言基础

知识目标

1. 了解 51 单片机的编程语言——C51 语言。
2. 掌握 C51 语言中常量与变量、基本运算操作和数组的相关知识。

技能目标

能正确识读常量和变量，计算基本运算操作的结果。

素养目标

培养学生的程序设计素养和创新素养。

任务描述

要想对 51 单片机进行操作，就必须编写 51 单片机的控制程序。本任务介绍 51 单片机的编程语言——C51 语言。

相关知识

1. C51 语言概述

在进行 51 单片机开发时，最常用到的编程语言是 C51 语言。C51 语言是指在进行 51 单片机编程时所使用的 C 语言，它和计算机中的 C 语言大部分上是相同的，但是由于对 51 单片机进行编程时，所编程的对象是单片机，所以两者之间略有区别。本节主要介绍一些常见的 C51 语言知识，为后续的编程打下基础。在学习本节的知识点时，可以先对 C51 语言中的一些基本概念有一个了解，再通过后续的编程实例加深理解与。

2. 常量和变量

C51 语言的数据可分为常量和变量。

1）常量

常量是指在整个程序的运行过程中其值不能发生改变的量。按照数据类型，常量可分为整型常量、浮点型常量及字符型常量等，其中字符型常量在单片机中是以 ASCII 码的形式进行储存的。表 1-1 列出了一些常见的常量类型及其典型常量。

表 1-1　常见的常量类型及其典型常量

常量类型	典型常量
整型常量	0，2，8，16 等
浮点型常量	0.5，0.8 等
字符型常量	"a" "b" "xy" 等

2）变量

变量是指在整个程序的运行过程中其值可以发生改变的量，在使用之前必须进行声明，否则在软件编译时会报错。变量有三个相关的参数：变量类型、变量名和变量值。

（1）变量类型。变量有字符型变量、整型变量和位变量等类型。常见的变量类型的表示方法、数据长度和取值范围如表 1-2 所示。

表 1-2　常见的变量类型的表示方法、数据长度和取值范围

变量类型	数据长度/bit	取值范围
无符号字符型变量（unsigned char）	8	0 ~ 255
有符号字符型变量（signed char）	8	-128 ~ 127

变量类型	数据长度/bit	取值范围
无符号短整型变量（unsigned int）	16	$0 \sim 65\ 535$
有符号短整型变量（signed int）	16	$-32\ 768 \sim 32\ 767$
无符号长整型变量（unsigned long）	32	$0 \sim 2^{32} - 1$
有符号短整型变量（signed long）	32	$-2^{31} \sim 2^{31} - 1$
位变量	1	$0、1$

（2）变量名。

变量名是值的变量的名称，这个名称由用户自己进行定义，以字母或者下划线 "_" 开头，后面的字符必须是字母、数字或者下划线的字符组合，如 "i" "num" "_in" 等。

（3）变量值。变量值指的是被定义的变量所对应的具体数值。

例如语句："unsigned char i"，该语句定义了一个无符号的字符型变量 "i"，并且 "i" 的取值范围是 $0 \sim 255$，在程序运行过程中，一旦 "i" 的值小于 0 或者大于 255，程序将会出错。因此在使用变量时，应当根据变量的具体情况进行适当定义。一般来说，在能够满足变量的使用范围的前提下，尽量定义一个数据长度较短的变量类型，这样可以节省单片机的存储空间。例如变量 "i" 在整个程序的运行过程中最小值是 1，最大值是 10，可以把 "i" 定义成一个无符号字符型变量，尽量不去定义成一个无符号长整型变量。

3. 基本运算操作

在程序编写过程中，常常需要对变量与变量、变量与常量进行运算，这些运算包括赋值运算、算数运算、关系运算、逻辑运算等。

1）赋值运算

在 C51 语言中，把用赋值运算符将运算对象连接起来的运算叫作赋值运算，其表达式称为赋值表达式。基本的赋值运算符是 " = "，它的功能就是将一个数据的值赋给一个变量，如 "i = 10;"。在执行赋值运算时，首先将等式右边表达式的值进行计算，然后再赋给左边的变量，例如：

①i = 3 + 5;

②i = j = 1;

在①中，首先计算 "3 + 5 = 8"，然后将 8 赋值给 "i"；

在②中，首先进行 "j = 1" 的赋值运算，然后再进行 "i = j" 的赋值运算，运算的结果是 "i" 和 "j" 的值都为 1。

2）算数运算

在 C51 语言中，把用算数运算符和括号将运算对象连接起来的运算叫作算数运算，其表达式称为算数表达式。在进行算数运算时，要遵循 "先乘除模，后加减，有括号先算括号内的" 原则进行。表 1 - 3 列出了常见的算数运算符及其含义。

表 1-3　常见的算数运算符及其含义

算数运算符	含义
+（++）	加法或正号（加一）
-（--）	减法或负号（减一）
*	乘法
/	除法
%	模运算（除后取余）

在 C51 语言中常常需要用到"加一"和"减一"操作，具体的操作方法如下：

① "加一操作"："i = i + 1""i ++"和"++ i"。

② "减一操作"："i = i - 1""i --"和"-- i"。

3）关系运算

在 C51 语言中，把用关系运算符和运算对象连接起来的运算叫作关系运算，其表达式称为关系运算表达式。这里面的运算对象可以是算数表达式、逻辑表达式，甚至可以是关系表达式。在进行关系运算时，运算的结果只有两个值，即真（1）和假（0），这种结果称为逻辑值。表 1-4 列出了 C51 语言中常见的关系运算符及其含义。

表 1-4　常见的关系运算符及其含义

关系运算符	含义
>	大于
<	小于
>=	大于等于
<=	小于等于
==	等于
!=	不等于

例如：$i = 1$，$j = 3$，$k = 5$，进行下列运算：

① $i > j$

② $i + j < k$

③ $(j - i) != k$

④ $m = k > j$，

求运算后表达式的值。

在①中，由于 $1 > 3$ 是不成立的，即表达式的结果为假，表达式的值为 0；

在②中，由于 $1 + 3 < 5$ 是成立的，即表达式的结果为真，表达式的值为 1；

在③中，由于 $3 - 1 \neq 5$ 是成立的，即表达式的结果为真，表达式的值为 1；

在④中，$k > j$ 的结果为真，即 $m = 1$。

在进行关系运算时，切记"等于"操作的运算符是"=="，而不是"="，如果在程序中将"=="错写成了"="，关系运算就将变成赋值运算，使程序出错。

4）逻辑运算

在 C51 语言中，把用逻辑运算符和运算对象连接起来的运算叫作逻辑运算，其表达式称为逻辑运算表达式。逻辑运算有三种：与（and）、或（or）和非（not）。常见的逻辑运算符及其含义如表 1-5 所示。

表 1-5　常见的逻辑运算符及其含义

逻辑运算符	含义
&&	与（and）
‖	或（or）
！	非（not）

同关系表达式一样，逻辑表达式的最终结果也是逻辑值，即真（1）和假（0）。

例如：i=1，j=3，k=5，进行下列运算：

①!i

②j‖k

③!i&&j‖k，

在①中，由于 i 的值不为 0，即 i 的逻辑值为 1，因此!i 的值为 0；

在②中，由于 j 和 k 的值均不为零，因此 j‖k 的值为 1；

在③中，由于!i 的值为 0，0 和任何值进行 && 运算结果均为 0。

5）位运算

除了上述三种基本的运算之外，C51 语言中还有一种常用的运算，叫作位运算。位运算指的是通过位运算符，将位型、整型或字符型数连接起来的运算。这里的位运算操作对象不能是浮点型数据。常见的位运算符及其含义如表 1-6 所示。

表 1-6　常见的位运算符及其含义

位运算符	含义
&	位与
！	位或
~	位非
<<	位左移（高位舍弃，低位补 0）
>>	位右移（低位舍弃，高位补 0）

4. 数组

C51 语言中的数组指的是有序的并且具有相同类型的数据的集合。根据维数不同，可以将数组分为一维数组、二维数组、三维数组等。本节只介绍一维数组。

一维数组的一般形式为：

类型说明符　数组名称［常量表达式］

其中常量表达式中不允许包括变量，但是可以包含常量或符号变量，这个常量表达式代表的是数组中元素的个数。例如 a[10]，就代表了数组 a 中有 10 个元素。

例如要定义一个无符号整型的数组，其中数组中有 0 ~ 9 共 10 个元素，定义方法如下：

unsigned int a[10];

如果想对数组中的元素进行赋值，有两种方法：整体赋值和单独赋值。整体赋值必须在定义数组的同时进行整体赋值，而单独赋值可以在定义完数组以后单独赋值数组内的某一个元素，例如：

整体赋值：unsigned int a[10] = {0,1,2,3,4,5,6,7,8,9}；

单独赋值：unsigned int b[8]；b[0] = 1；

在数组 a 中，每个元素都被赋值，a[0] = 0，a[1] = 1，…，a[9] = 9；在数组 b 中，只有 b[0] 被赋值 1，其余的 7 个元素的值都为 0。

特别说明的一点是，在对数组的全部元素进行整体赋值时，可以不指定数组的长度，例如：int a[] = {0,1,2,3,4}；和 int a[5] = {0,1,2,3,4}；是一样的，但是不可以既不整体赋值，也不指定长度。例如：int a[]；是不对的。

任务实施

定义一个一维数组，长度为学号的位数，并将学号一位一位地存入该数组中，写出实现代码。

任务 1 - 4   使用 51 单片机开发软件

知识目标

1. 熟悉 51 单片机的开发软件 Keil，掌握 Keil 软件的基本操作。
2. 学会使用 STC - ISP 下载软件，掌握程序下载的方法。

技能目标

1. 使用 Keil 软件建立工程，并将工程中 c 文件中的程序编译生成 HEX 文件。
2. 使用 STC – ISP 将 HEX 文件下载到单片机中。

素养目标

培养学生认真细致的工作态度和自主学习、探索创新的良好习惯。

任务描述

使用单片机进行项目开发时，需要在电脑上进行程序的编写、编译及下载，因此要学会使用相关软件。本任务是学会使用单片机开发软件 Keil 编写及编译程序，并利用程序下载软件 STC – ISP 将编译好的文件下载到单片机中。

相关知识

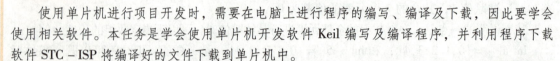

KEIL 安装过程

1. Keil 程序开发软件

Keil 软件是被广泛使用的 51 单片机开发软件，利用它可以对单片机程序进行编写和编译。Keil 的版本有 Keil μVision2、Keil μVision3、Keil μVision4 和 Keil μVision5，在 Keil μVision3 版本及以后，除了支持 51 单片机的开发，还增加了对 ARM 处理器的支持，如果仅仅对 51 单片机进行开发，可以选用 Keil μVision4 版本，安装包可以在 Keil 公司官方网站 http://www.Keil.com 上获取。

2. STC_ISP 程序烧录软件

STC – ISP 烧录（下载）软件是一款针对 STC 单片机所设计的电脑下载软件，通过该软件，可以将 Keil C51 软件编译生成的 HEX 文件烧录进单片机内。

任务实施

1. Keil 软件的安装和使用

1）Keil 软件的安装

在网络上下载好 Keil μVision4 软件后，是一个安装程序，如图 1 – 6 所示，双击该安装程序即可进入安装界面，如图 1 – 7 所示。

在安装界面按照提示单击"Next"按钮，进行到安装路径选择界面，如图 1 – 8 所示。选择好安装路径后，单击"Next"按钮即可进行下一步。

在该界面，用户需要填写个人基本信息，如图 1 – 9 所示。填写完毕后单击"Next"按钮进行软件的安装。

安装完毕后单击"Finish"按钮，即可完成 Keil μVision4 软件的安装，如图 1 – 10 所示。

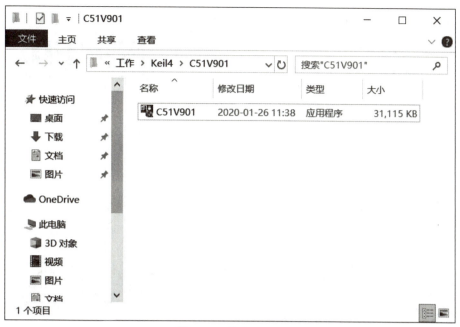

图 1-6　软件安装包

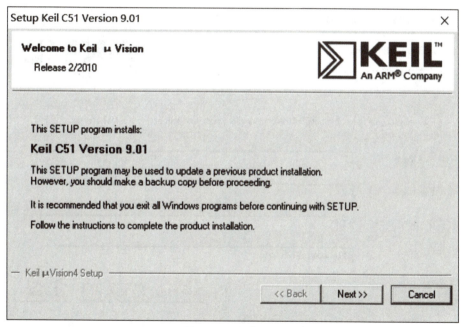

图 1-7　安装界面

图 1-8 安装路径选择

图 1-9 安装路径选择界面

图 1-10　安装完成界面

2）Keil C51 软件的激活

安装完 Keil μVision4 软件后，在桌面上找到 Keil μVision4 的蓝色图标，双击该图标打开软件，如图 1-11 所示。软件打开后的窗口界面如图 1-12 所示。

图 1-11　Keil μVision4 图标

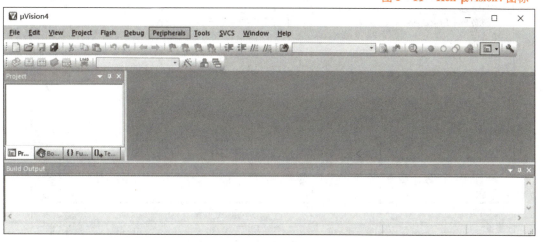

图 1-12　软件启动后的窗口界面

Keil C51 软件的使用是不需要序列号的，但是无序列号的软件只能编写不大于 2 KB 的程序。因此我们要在软件中输入购买软件时的软件序列号。具体操作方法为：执行菜单栏命令 "File"→"License Management"，如图 1-13 所示。打开对话框 "New License ID Code（LIC）" 后添加购买软件时的序列号，然后单击 "Add LIC" 按钮即可完成软件的激活。激活后的软件在"Support Period"这一列下面会显示软件到期日，如图 1-14 所示。

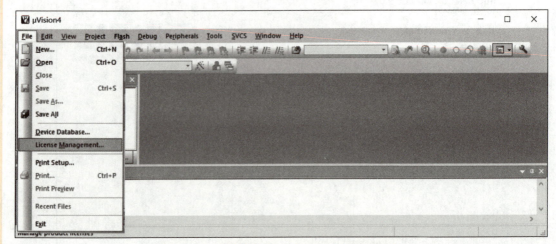

图 1-13　菜单栏命令"License Management"

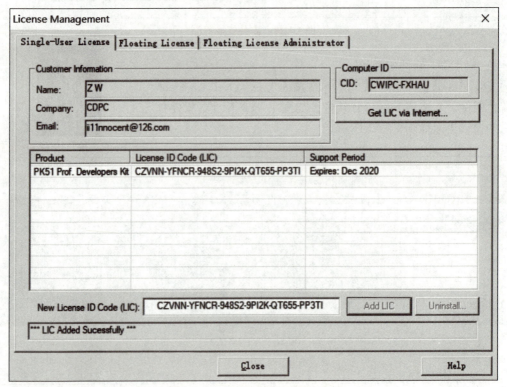

图 1-14　软件成功激活后的界面

3）Keil C51 软件的使用

（1）工程的建立。在使用开发软件对单片机程序进行开发时，需要新建一个工程文件，用来管理本项目中的所有文件（c 文件和 h 文件等）。

在 Keil μVision4 中新建工程文件的步骤如表 1-7 所示。

KEIL 工程建立

表 1-7 在 Keil μVision4 中新建工程文件的步骤

序号	操作说明	图例
1	如图（a）所示，在菜单栏选择"Project"→"New μVision Project"选项，会弹出图（b）所示的对话框	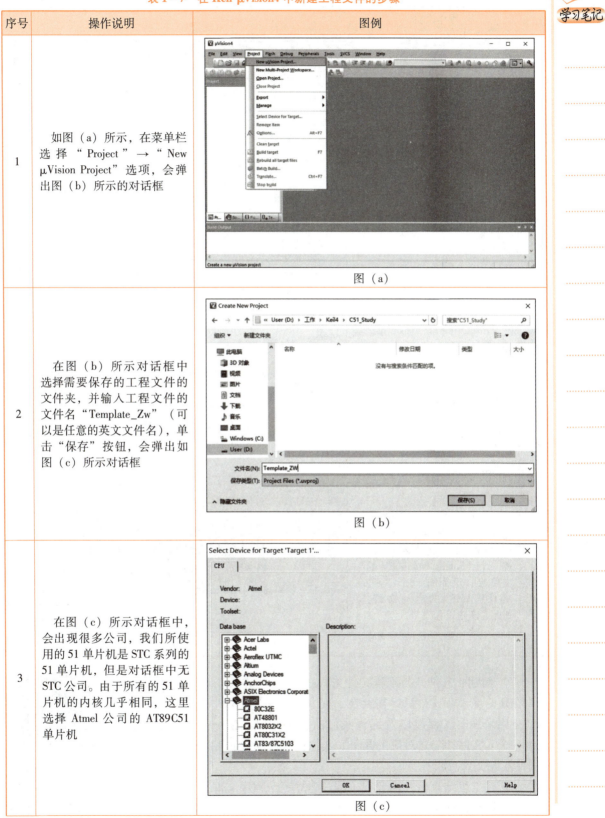图（a）
2	在图（b）所示对话框中选择需要保存的工程文件的文件夹，并输入工程文件的文件名"Template_Zw"（可以是任意的英文文件名），单击"保存"按钮，会弹出如图（c）所示对话框	图（b）
3	在图（c）所示对话框中，会出现很多公司，我们所使用的 51 单片机是 STC 系列的 51 单片机，但是对话框中无 STC 公司。由于所有的 51 单片机的内核几乎相同，这里选择 Atmel 公司的 AT89C51 单片机	图（c）

学习笔记

学习笔记

序号	操作说明	图例
4	在 Atmel 公司中选择 AT89C51 单片机，然后单击"OK"按钮，会弹出如图（e）所示对话框	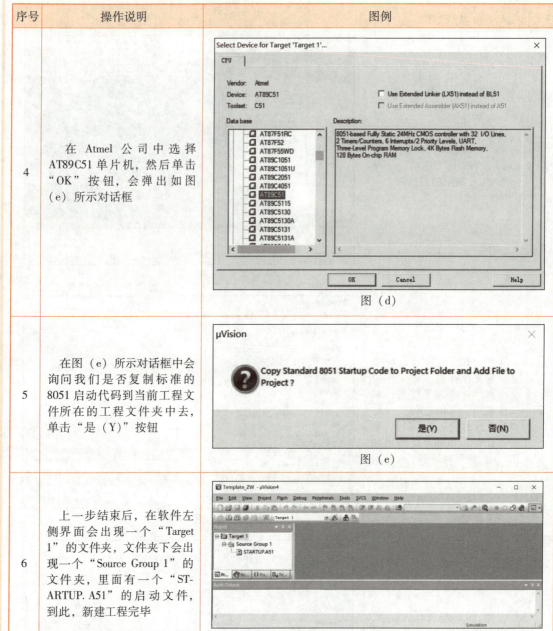 图（d）
5	在图（e）所示对话框中会询问我们是否复制标准的 8051 启动代码到当前工程文件所在的工程文件夹中去，单击"是（Y）"按钮	图（e）
6	上一步结束后，在软件左侧界面会出现一个"Target 1"的文件夹，文件夹下会出现一个"Source Group 1"的文件夹，里面有一个"ST-ARTUP. A51"的启动文件，到此，新建工程完毕	图（f）

（2）新建 c 文件并与工程文件关联。

在建立完工程文件后，需要在工程中建立一个 c 文件，这个 c 文件的作用就是用来编写、存放以及编译我们的程序代码。在一个简单的工程中，只有一个 c 文件和与之对应的几个 h 文件；而在复杂的工程中，往往有多个 c 文件及 h 文件。

创建 C 文件

在新建工程结束后，需要在工程内建立一个程序文件，并且将程序文件与工程文件关联后，才可以在程序文件中用 C 语言或汇编语言进行程序的编写。在 Keil μVision4 软件中新建一个 c 文件的步骤如表 1 - 8 所示。

表 1 - 8　在 Keil μVision4 中新建 c 文件的步骤

序号	操作说明	图例
1	在菜单栏选择"File"→"New"选项，会生成一个如图（b）所示的名称为"Text1"的空白文档	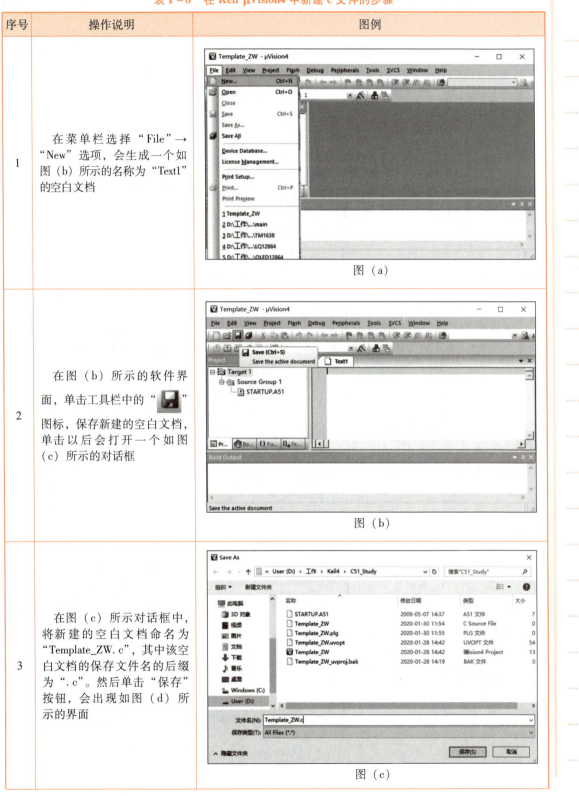 图（a）
2	在图（b）所示的软件界面，单击工具栏中的"💾"图标，保存新建的空白文档，单击以后会打开一个如图（c）所示的对话框	图（b）
3	在图（c）所示对话框中，将新建的空白文档命名为"Template_ZW. c"，其中该空白文档的保存文件名的后缀为". c"。然后单击"保存"按钮，会出现如图（d）所示的界面	图（c）

序号	操作说明	图例
4	在图（d）所示的界面中，空白文档的文件名已更改为"Template_ZW.c"。然后需要将这个 c 文件和工程文件相关联。具体操作为：右键单击软件左侧界面的"Source Group 1"文件夹，选择加粗字体"Add Files to Group 'Source Group 1'"选项，会弹出如图（e）所示的对话框	图（d）
5	在图（e）所示对话框中选择刚刚保存的名为"Template_ZW.c"的 c 文件，单击"Add"按钮，就会将这个 c 文件添加到工程中去，此时对话框不会消失，如果有多个 c 文件需要添加就可以继续添加，添加完毕后单击"Close"按钮，就会出现如图（f）所示的界面	图（e）
6	在图（f）所示的界面中可以看到，"Template_ZW.c"文件已经添加到工程中，下面就可以在 c 文件中进行程序的编写了	图（f）

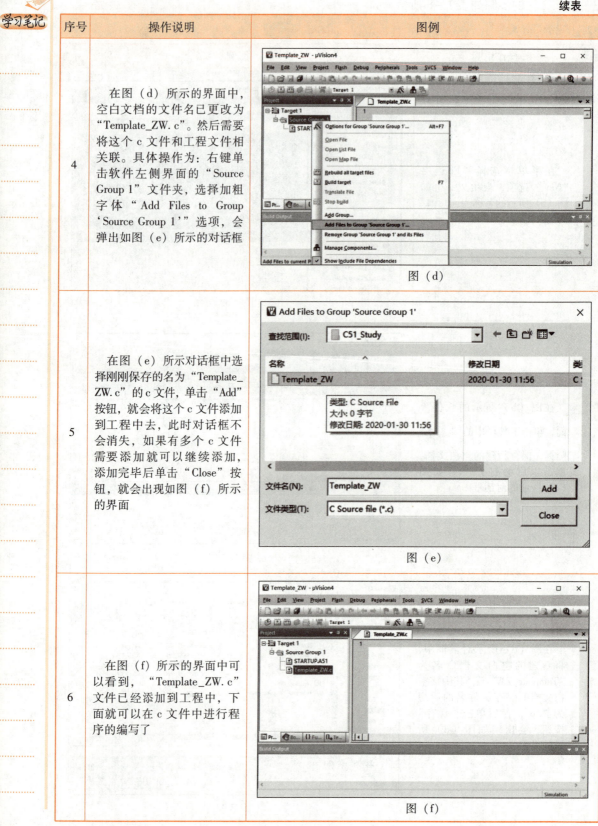

（3）编写程序。在新建的"Template_ZW. c"文件中利用 Keil C51 语言进行程序的编写，编写好程序后的软件界面如图 1-15 所示。

在图 1-15 所示的程序中，"/****"和"****/"中间的内容和"//"后面的内容是程序的注释，除了注释以外的代码都是单片机程序的主体。

程序的编写和编译

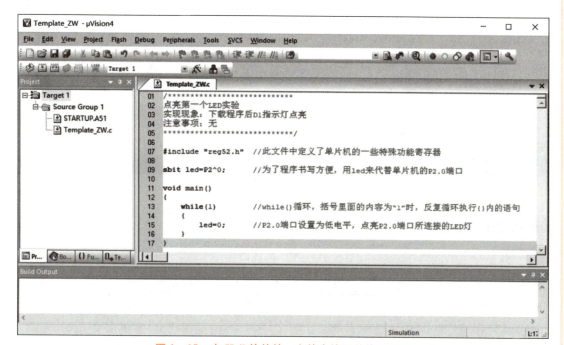

图 1-15　在 Keil 软件的 c 文件中编写单片机程序

（4）编译及调试程序。在 Keil 软件中用 C 语言编写好程序后，程序还不能直接下载到单片机中被单片机识别。因为单片机只能识别二进制数，所以必须将编写好的 C 语言程序通过 Keil 软件转换成 HEX 文件，才能够被单片机识别。这个将 C 语言文件转换成 HEX 文件的过程称为编译，完成编译过程的软件称为编译器。Keil 是一个本身带有 C51 编译器的软件，当写好程序进行编译时，Keil 软件会自动调用相应的编译器进行编译。

HEX 文件生成

在软件中进行编译之前，要对软件进行设置，才能够使软件的编译器工作，具体设置方法如下：

在软件的工具栏上单击魔法棒图标"　"，如图 1-16 所示，单击后会弹出如图 1-17 所示的对话框。在图 1-17 所示对话框中，单击"Output"选项卡，在该选项卡下，选中"Create HEX File"项目，然后单击"OK"按钮。选中"Create HEX File"项目的目的是让 Keil 软件进行编译时产生扩展名为"HEX"的十六进制文件，再通过烧录软件将扩展名为"HEX"的十六进制文件烧录进单片机。

在设置好编译生成 HEX 文件后，在 Keil 的菜单栏上单击"Rebulid"按钮对编写好的程序进行编译，如图 1-18 所示。单击"Rebulid"按钮后，在编程窗口下方的"Build Output"窗口中可以看到相应的编译信息，如图 1-19 所示。如果编译信息的最后一行产生了"0

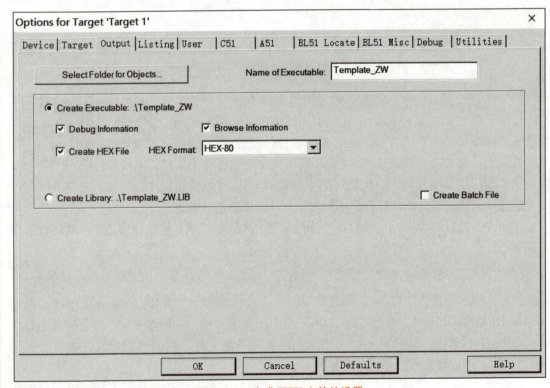

图1-16 单击魔法棒图标

图1-17 生成 HEX 文件的设置

Error（s），0 Warning（s）"的提示，证明整个程序在语法上没有错误和报警；如果产生了错误和报警，需要重新认真检查程序，修改过后再重新编译，直到消除错误。通过编译的程序，在编译信息的倒数第二行会有一条编译信息：creating hex file from "Template_ZW"，这表明在编译后，从工程中产生了 HEX 文件。

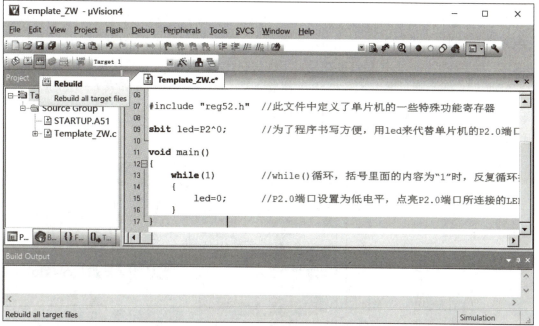

图 1－18　程序的编译

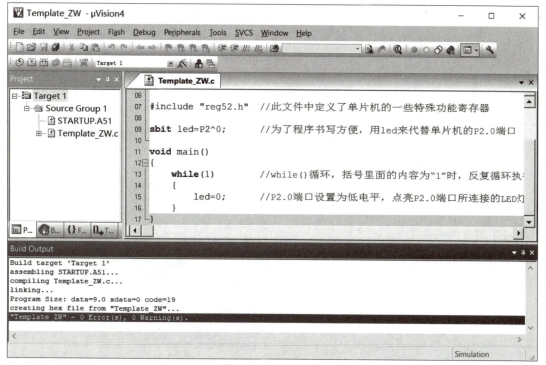

图 1－19　编译结果

学习笔记

2. STC – ISP 软件的安装和使用

经过编译后生成的 HEX 文件要通过烧录软件烧录到单片机中才能够被执行。在进行烧录时，我们使用 STC – ISP 烧录软件。STC – ISP 烧录软件是一款针对 STC 单片机所设计的电脑下载软件，通过该软件，可以将 HEX 文件烧录进单片机内。在计算机内找到 STC – ISP 软件 🐝 stc-isp-15xx-v6.86R，双击打开。然后将单片机通过 USB 下载线和计算机相连，此时计算机会自动安装 CH340 驱动（如不能自动安装，需要在网络上下载 CH340 驱动，下载后在计算机中找到 CH341SER. EXE 文件，双击安装即可），然后通过操作 STC – ISP 软件来烧录。具体的操作步骤如表 1 – 9 所示。

烧录 HEX 文件

表 1 – 9　使用 STC – ISP 软件进行 HEX 文件烧录的步骤

序号	操作说明	图例
1	双击打开 STC – ISP 软件，打开后界面如图（a）所示	图（a）
2	在图（a）所示软件界面的右下方信息窗口中，可以看到软件识别的单片机型号，然后在软件的左上方找到单片机型号下拉菜单，选择软件识别的单片机型号，如图（b）所示	图（b）

序号	操作说明	图例
3	选择完单片机型号后，在单片机型号下拉菜单的下方——串口号下拉菜单中，选择软件自动识别好的串口号，如图（c）所示	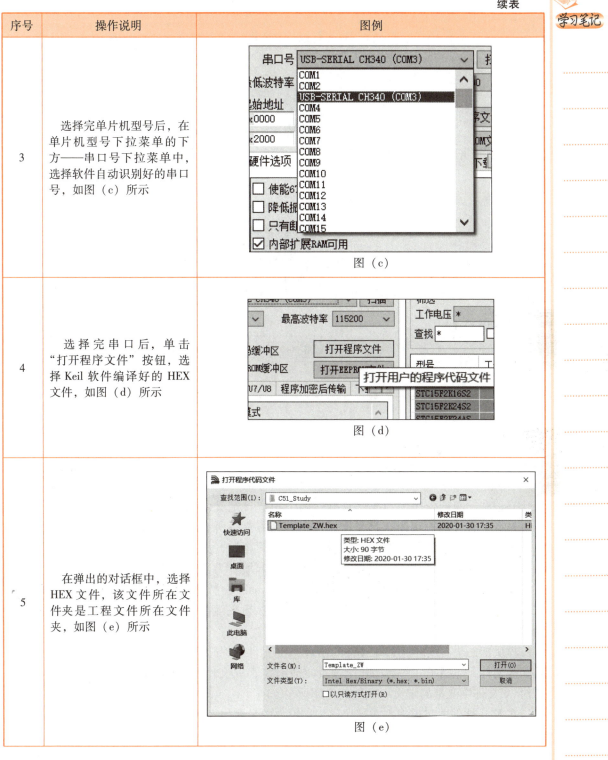图（c）
4	选择完串口后，单击"打开程序文件"按钮，选择 Keil 软件编译好的 HEX 文件，如图（d）所示	图（d）
5	在弹出的对话框中，选择 HEX 文件，该文件所在文件夹是工程文件所在文件夹，如图（e）所示	图（e）

序号	操作说明	图例
6	选择好 HEX 文件后单击打开，然后在软件界面的左下方单击"下载/编程"按钮。单击完后，给单片机开发板断电再重新上电，软件就会自动将 HEX 文件下载到单片机中，如图（f）所示	下载/编程　停止　重复编程 检测MCU选项　注册/解助　重复延时 3秒 开始下载编程 (Ctrl+P/F5) (若使用串口或USB串口下载，请先点击下载按钮后，再给目标芯片上电 ☑每次下载前重 图（f）
7	下载完毕后，会在软件的右下方信息窗口中显示下载完成的信息，如图（g）所示。此时开发板上显示对应的实验现象	· MCU内部的扩展RAM可用 · ALE脚的功能选择仍然为ALE功能脚 · P1.0和P1.1与下次下载无关 · 下次下载用户程序时，不擦除用户EEPROM区 单片机型号: STC89C52 固件版本号: 7.2.5C 操作成功！(2020-01-31 15:27:23) D:\工作\Keil4\C51_Study\Template_ZW.hex 图（g）

嵌入式模块化程序设计

嵌入式模块化
程序设计

在一些简单的程序中，往往只有一两个用户自定义函数和有限的代码，这样的程序编写和调试起来比较简单，只需要将所有的代码都放到一个 c 文件中即可。但是编写一些复杂功能的程序时，如果仍然将所有的代码都编写在一个 c 文件中，一旦产生错误，调试起来就会很麻烦。为了解决这个问题，我们可以将实现不同功能的函数代码编写成单独的 c 文件，在 main 函数中调用相应的函数即可。这样可以大大提高程序代码的移植效率，避免程序看起来臃肿复杂，使整个文件看上去规范简洁。

模块即一个 .c 和一个 .h 文件的结合，.c 文件和 .h 文件是成对出现的。.c 文件是一个功能性文件，包括了一些初始化函数及驱动函数；.h 文件是 .c 文件中包含的头文件，包括了对 .c 文件中变量的定义、函数的声明。

在 Keil 软件中实现嵌入式模块化程序设计的步骤如表 1-10 所示。

表 1 – 10　嵌入式模块化设计的步骤

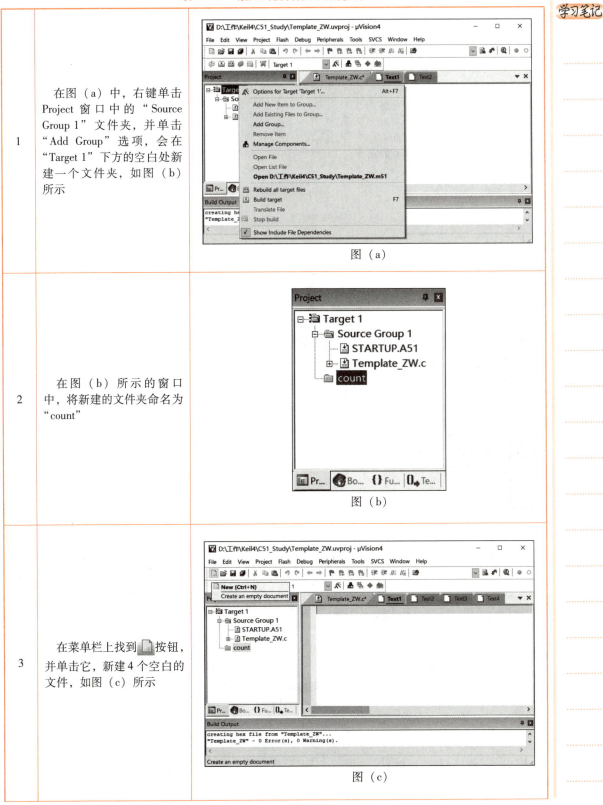

1	在图（a）中，右键单击 Project 窗口中的"Source Group 1"文件夹，并单击"Add Group"选项，会在"Target 1"下方的空白处新建一个文件夹，如图（b）所示	图（a）
2	在图（b）所示的窗口中，将新建的文件夹命名为"count"	图（b）
3	在菜单栏上找到按钮，并单击它，新建 4 个空白的文件，如图（c）所示	图（c）

4	新建好4个文件后，在"Template_ZW.c"文件所在的文件夹中新建一个名为"count"的文件夹，并将4个新建文件以 time.c、time.h、lcd.c 和 lcd.h 的名称保存在这个文件夹内，如图（d）所示	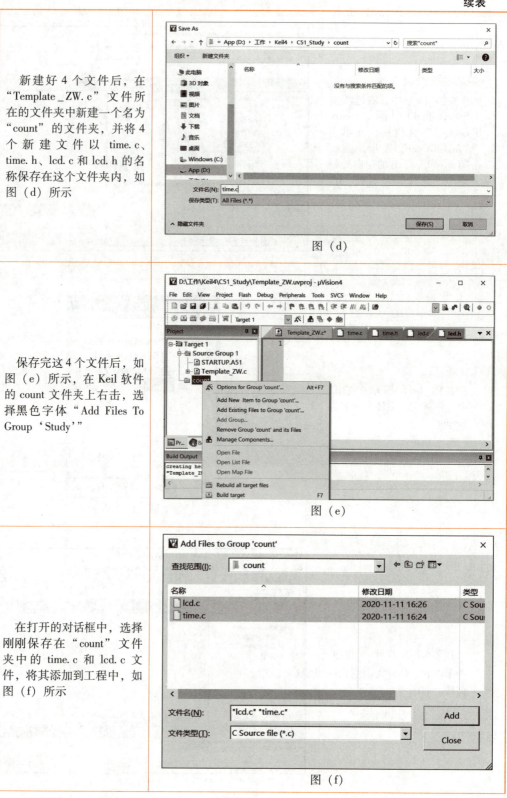 图（d）
5	保存完这4个文件后，如图（e）所示，在 Keil 软件的 count 文件夹上右击，选择黑色字体"Add Files To Group 'Study'"	图（e）
6	在打开的对话框中，选择刚刚保存在"count"文件夹中的 time.c 和 lcd.c 文件，将其添加到工程中，如图（f）所示	图（f）

学习笔记

7	添加好 c 文件后，下面要指定刚刚保存的 h 文件的目录，否则在进行头文件包含时软件会找不到对应的头文件。在菜单栏上面单击魔法棒图标"![]"，打开"Options for Target 'Target 1'"设置界面，选择"C51"选项卡，并单击红色方框处的按钮，如图（g）所示	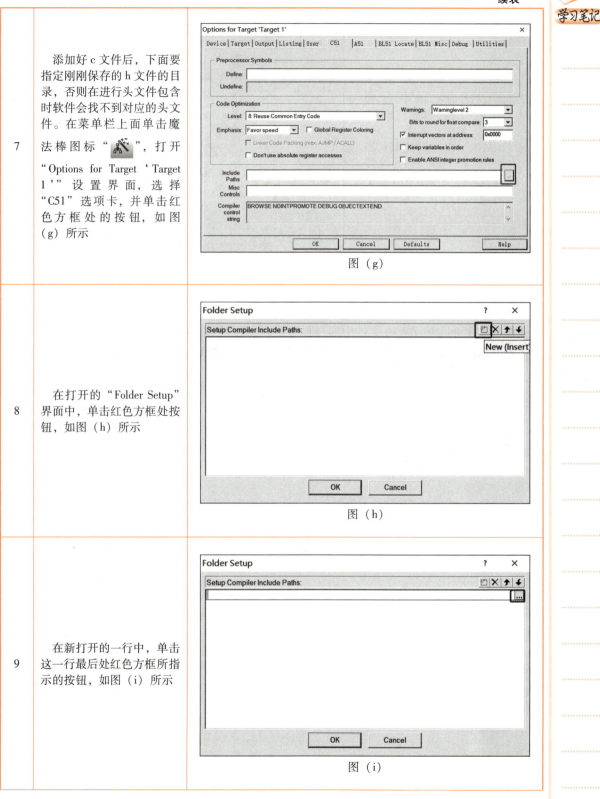 图（g）
8	在打开的"Folder Setup"界面中，单击红色方框处按钮，如图（h）所示	图（h）
9	在新打开的一行中，单击这一行最后处红色方框所指示的按钮，如图（i）所示	图（i）

10	在打开的对话框中，选择 count 文件夹，单击"确定"按钮，如图（j）所示。然后关闭一级一级的对话框即可。至此，就将两个 c 文件和两个 h 文件添加到工程中了	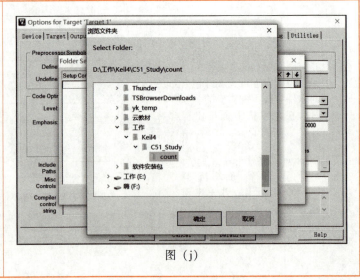 图（j）

　　按照表 1－10 所示的步骤建立完 time.c、time.h、lcd.c 和 lcd.h 文件后，就可以在这两个文件以及 Template_ZW.c 文件中编写程序了，这样就可以把 time.c 中实现的功能和 lcd.c 中实现的功能在 Template_ZW.c 文件中调用了，实现了模块化编程。

项目2 灯光系统的设计与实现

任务2-1 LED灯控制系统的设计与实现

知识目标

1. 掌握点亮 LED 灯的基本原理，会根据 LED 灯的最大允许电流计算限流电阻的大小。

2. 学会使用 Keil C51 软件编写单片机程序的方法。

3. 学会 LED 灯点亮、LED 灯闪烁及流水灯的实现方法。

4. 学会 LED 呼吸灯的实现方法。

技能目标

1. 根据单片机驱动 LED 灯的硬件电路图编写程序，点亮 P1.0 引脚连接的 LED 灯。

2. 同时点亮 P1 口连接的 8 个 LED 灯。

3. 根据单片机驱动 LED 灯的硬件电路图编写程序，实现 P1.0 引脚连接的 LED 灯以一定的频率进行闪烁。

4. 实现 P1 口连接的 8 个 LED 灯以不同的频率进行闪烁。

5. 实现 P1 口连接的 8 个 LED 灯的流水灯效果。

6. 实现 P1.0 引脚连接的 LED 灯的呼吸效果。

7. 培养学生独立编写及调试单片机程序的能力。

素养目标

培养学生严谨细致的工作作风以及机电工程师规范编程的职业素养。

任务描述

在日常生活中，随处可见的 LED 灯构成了城市中的一道亮丽的风景线。交通灯的闪烁、汽车转向灯的闪烁及装饰灯带的流水灯效果都是为了引起人的注意，这些灯光进行显示时并不是一直处于点亮状态，而是有规律地进行闪烁。该任务以 P1 口连接的 8 个 LED 灯为例学习如何使用单片机实现 LED 灯的不同状态。

1. LED 灯基础知识

LED（Light Emitting Diode），也叫发光二极管，是一种能够将电能转换成可见光的半导体器件，可以直接发出红、蓝、绿等颜色的光。最初的 LED 用作仪器仪表的指示光源，后来各种颜色的 LED 灯在交通信号灯和显示屏上得到广泛应用。LED 灯的实物如图 2 - 1（a）所示，电路符号如图 2 - 1（b）所示。

（a）　　　　　　　　　　　　　　　　（b）

图 2 - 1　LED 灯

（a）实物外形；（b）电路符号

由于发光二极管的特点是正向导通，因此在电路中，必须将 LED 灯正接才能够正常发光，如图 2 - 2 所示。

GND ⊣├ ◁ —[R]— ⊢ VCC

图 2 - 2　LED 灯的驱动电路

不同颜色的发光二极管，其导通电压是不同的，常见的红色 LED 灯的导通电压是 1.5 ~ 2.0 V。由于 51 单片机的 I/O 的输出电压是 5 V，直接用单片机的 I/O 口进行驱动时会直接将 LED 击穿，因此在单片机驱动发光二极管的电路中，必须将二极管串联上限流电阻才能与单片机的 I/O 口进行连接。其中限流电阻的计算公式如式（2 - 1）所示。

$$R = \frac{U - U_D}{I_D} \tag{2-1}$$

式中，R 是限流电阻的阻值，U 是单片机的驱动电压（5V），U_D 是加在发光二极管上的电压（1.5 ~ 2.0 V），I_D 是发光二极管的正向工作电流（3 ~ 20 mA）。选取 $U_D = 2$ V，$I_D = 3$ mA 来计算，得到限流电阻 $R = 1\,000\ \Omega$。

2. 单片机驱动 LED 灯的电路

图 2 - 3 所示的就是单片机驱动 8 个 LED 灯的典型电路。LED1 ~ LED8 分别接到了单片机的 P1.0 ~ P1.7 引脚上。当 P1 口的某一个引脚输出低电平（0）时，所连接的那一路的发光二极管会导通，此时会有电流流过 LED 灯使 LED 灯发光。

3. c 文件和 h 文件

c 文件（C Source File）是编写功能性程序所依赖的 C 语言文件，包括函数实现、必要

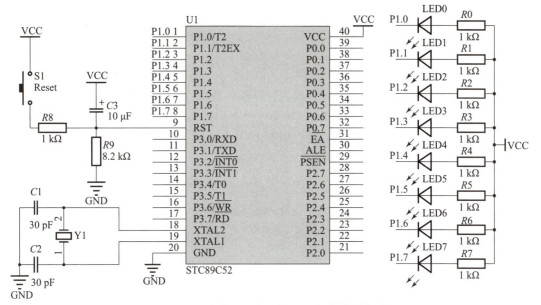

图 2 - 3   单片机驱动 8 个 LED 灯的典型电路

的变量定义等内容。在这个文件内，可以用 C 语言进行功能性程序的编写，例如我们需要点亮 LED 灯，就可以在 c 文件内进行点亮 LED 灯的程序编写。

h（C/C++ Header File）文件，也叫头文件，其中的内容不涉及具体的逻辑实现代码。一般来说，一个 c 文件通常对应着一个 h 文件，这个 h 文件中有对 c 文件内的函数声明、宏定义、变量定义等内容。

4. C51 语言基本语句

1）#inlcude

头文件包含指令，用于将指定的头文件嵌入源程序中，例如：#include "reg52. h"。由于我们所编写的程序是用于 STC89C52 单片机，因此编写程序时的第一条指令就是它。

2）sbit

位定义关键字，如 sbit LED = P2^0。这条语句的意义是将单片机的 P2.0 引脚在程序中用 LED 这个变量来代替，在程序中对 LED 的操作（赋值、取反等）就相当于对单片机的 P2.0 引脚进行了操作。特别要注意的是，在 Keil 软件中，P2.0 的写法应为 P2^0，即 "." 用 "^" 来代替。

3）void main（void）{...}

main 函数，是整个程序的核心，单片机在执行代码时会从 main 函数处开始执行。在 main 函数里面写代码时，要写在两个大括号中间，即 {} 中间。main 函数前面的 void 代表这个函数没有返回值，main 函数后面括号里面的 void 代表这个函数没有输入参数。

4）while 循环

while 循环语句的格式为：

```
1. while(控制表达式)
2. {
3.     语句(语句组);
4. }
```

　　while 循环是一种顶部驱动的循环，即先计算循环条件（控制表达式）。如果为 true，就执行循环体，然后再次计算控制表达式。如果控制表达式为 false，程序就跳过循环体，而去执行循环体后面的内容。while 循环的流程如图 2－4 所示。

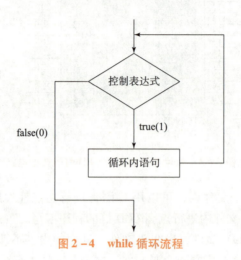

图 2－4　while 循环流程

　　例如下面这段程序：

```
1. int i = 2;
2. while((i-1)!=0)
3. {
4.     i = i-1;
5. }
```

　　当程序第一次执行时，i＝2，此时进行第一次控制表达式的判断（2－1）!＝0，结果为true，那么就会执行循环体内的语句 i＝i－1，执行完以后 i＝1。然后程序返回控制表达式进行判断，第二次判断（1－1）!＝0，结果为 false，则程序不再执行循环体，而去执行循环体后面的语句。

　　再比如下面这段程序：

```
1. while(1)
2. {
3.     ;
4. }
```

　　当程序第一次执行时，进行第一次控制表达式的判断 1＝1，结果永远为 true，则程序就会无限次地反复执行循环体内的语句，而此时循环体内只有一条为"；"的空语句，因此整个程序就会在这个循环处一直执行下去。

5）"//"和"/＊……＊/"

在程序中，"//"后的内容和"/＊……＊/"之间的内容均为注释。注释只对程序中的代码进行说明，不会对程序内容造成影响。

6）for 循环

和 while 循环一样，for 循环也是一种顶部驱动的循环，但是与 while 循环相比，它包含了更多的逻辑循环。for 循环的语句格式为：

```
1. for([表达式1];[表达式2];[表达式3])
2. {
3. 语句(语句组);
4. }
```

在一个典型的 for 循环中，在循环体的顶部，有三个表达式需要被执行：

（1）表达式 1：初始化表达式。

该表达式的作用就是进行循环体初始化，并且只被执行一次。在进行表达式 2 的计算之前，需要先计算一次表达式 1 的值，用来进行循环体初始化。

（2）表达式 2：控制表达式。

该表达式在每次循环之前都需要被计算一次，用来判断是否进行本次循环。若表达式 2 的值为 true，则进入循环；若表达式 2 的值为 false，则退出循环，执行循环后的语句。

（3）表达式 3：调节器。

该表达式在每轮循环结束后进行，执行完后再进行下一轮控制表达式的计算，以确定是否进入下一轮循环。

for 循环的流程如图 2 - 5 所示。

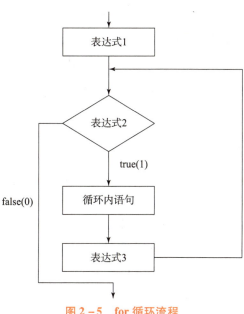

图 2 - 5　for 循环流程

例如：

```
1. unsigned int i;
2. for( i = 0;i < 1;i ++)
3. {
4.     ;
5. }
```

上述 for 循环在第一次执行时，先进行"i = 0"的初始化操作，然后再进行"i < 1"的判断，第一次判断完后，"i < 1"的值为 true，即进入循环体内部执行，执行完循环体内的语句后，再运行调节器"i ++"。当该循环执行 1 次以后，运行调节器后"i = 1"，再进行第二次控制表达式的计算，此时"i < 1"的值为 false，退出循环体，执行循环体后面的语句。

5. 点亮 LED 灯

在如图 2 – 3 所示的典型电路中，如果想要点亮 LED0，则需要使 P1.0 引脚输出低电平。使 P1.0 输出低电平有两种方式：位操作或字节操作。

位操作点亮 LED 灯

1）位操作点亮 LED 灯

如果想要点亮 P1.0 引脚的 LED0，需要使 P1.0 引脚输出低电平（0），也就是将 P1 口中 P1.0 这一位拉低，即 P1.0 = 0。由于我们的单片机开发板上电后，P1 口的电平为高，因此执行完 P1.0 = 0 这条语句后，只有 P1.0 连接的 LED 灯点亮。在 Keil C51 的程序窗口内进行程序的编写，点亮单个 LED 灯的程序如下：

```
1. /* reg52.h 是 STC89C52 单片机的头文件,里面对单片机相关寄存器进行地址定
   义,是开发 51 系列单片机必须包含的头文件。* /
2. #include "reg52.h"
3. /* sbit 是位定义关键字,这条语句的作用是:定义一个位变量 LED0 用来代替 51
   单片机的 P1.0 口(C51 中 P2.0 写作 P2^0),增加程序的可读性。* /
4. sbit LED1 = P1^0;
5. /* main 函数是单片机执行程序时第一个需要执行的函数,一个工程中只能有一个
   main 函数,void 代表 main 函数无返回值与形参。* /
6. void main(void)
7. {
8.     while(1)         //while(1)表示 { }中的语句会无限循环地执行。
9.     {
10.        LED0 = 0;      //LED0 = 0 即 P1^0 = 0,让 P1.0 引脚输出低电平,从而点
                          亮 LED 灯。
11.    }
```

在这个实验例程中，我们的核心代码就是"LED0 = 0;"，这条代码被写在了 while(1)的大括号内，因此会被反复执行，与 P1.0 相连的 LED 灯就会一直被点亮。

程序写完后单击"编译"按钮，然后通过 STC 下载软件将 Keil 软件生成的 HEX 烧写进

单片机就可以看到与 P1.0 引脚相连的绿色 LED 灯被点亮。

2）字节操作点亮 LED 灯

在位操作点亮 LED 灯时，我们仅仅对 P1.0 引脚进行了位操作，即对 P1.0 这一位进行了单独赋值。采用字节方式点亮 LED 灯时，我们采取以字节（8 位）为单位的方式，对整个 P1 口进行操作。首先初始化

字节操作点亮 LED 灯

P1 端口，让所有的灯都熄灭：P1 = 11111111；（相当于 P1.7 ~ P1.0 全部为高电平，熄灭所有的灯）。然后再让 P1 = 11111110；（P1.7 ~ P1.1 为 1，P1.0 为 0，此时 LED7 ~ LED1 熄灭，LED0 点亮）。

采用字节方式点亮 LED 灯的程序中不需要进行位定义，只需要将 LED0 = 0 语句改为 P1 = 0x11111110 即可。采用字节方式点亮 LED 灯的程序如下：

```
1. #include "reg52.h"
2. void main(void)
3. {
4.     while(1)
5.     {
6.         P1 = 0xFE;   //将 0xFE 这个十六进制数转换成二进制是 1111 1110。赋值给 P1 口
7.     /*****************************************************
        **************
8.     P1 口的赋值方式为从高位到低位赋值,具体方式如下:
9.     P1.7(1)  P1.6(1)  P1.5(1)  P1.4(1)  P1.3(1)  P1.2(1)  P1.1(1)
        P1.0(0)
10.        *****************************************************
        ***************** /
11.    }
12. }
```

6. LED 灯闪烁

LED 灯闪烁指的是 LED 灯的亮、灭交替进行，LED 灯闪烁的流程如图 2-6 所示。

在进行 LED 灯闪烁程序编写时，点亮和熄灭 LED 灯可以用位操作或字节操作来完成，循环显示亮、灭的过程用 while(1) 语句来完成，LED 灯的亮、灭状态的持续时间可以用延时程序来完成。

7. 延时程序

单片机在执行每一条程序代码时都是需要一定时间的。我们可以利用单片机执行多次 while() 指令来进行一定时间的延时。具体代码如下：

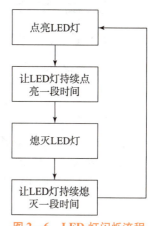

图 2-6 LED 灯闪烁流程

```
1. void delay(unsigned int t)
2. {
3.     while(t--);
4. }
```

在上述代码中，我们定义了一个无返回值的函数 delay（unsigned int t），其中形参为一个无符号的整型变量 t，其中 t 的取值范围为 0 ~ 65 535。在这个函数里面，有一条 while（t--）循环语句，该语句的意思是，每执行一次，t 的值自动减一，直到 t 的值为 0 时，跳出循环。选取对应的 t 值，可以使该函数在原地执行一定的时间，达到了延时的效果。

8. LED 流水灯

实现 LED 流水灯的效果可以采用直接法和数组法。

1）直接法

采用直接法进行流水灯显示时，一次只控制一个 LED 灯点亮，然后延时一段时间后点亮第二个 LED 灯，如此下去，直至最后一个 LED 灯点亮。然后再从第一个 LED 灯点亮开始循环下去，就可以实现 LED 灯的流水灯效果。LED 流水灯的点亮示意图和流程如图 2-7 和图 2-8 所示。

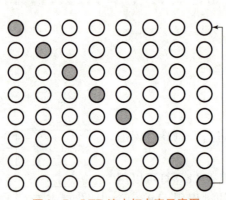

图 2-7　LED 流水灯点亮示意图

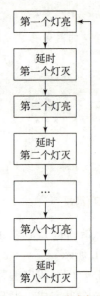

图 2-8　LED 流水灯流程

2）数组法

使用数组法进行 LED 流水灯实验时，需要预先将单个 LED 灯点亮时对应的 P1 口的状态（共 8 个）放入一个数组中，然后在程序中逐次取出数组中的元素赋值给 P1 端口，即可实现 LED 流水灯。其中 P1 口的 8 种状态如表 2-1 所示。

表2-1 P1口的8种状态

	各引脚及P1口的状态								
	P1.7	P1.6	P1.5	P1.4	P1.3	P1.2	P1.1	P1.0	P1
LED0 亮	1	1	1	1	1	1	1	0	0xFE
LED1 亮	1	1	1	1	1	1	0	1	0xFD
LED2 亮	1	1	1	1	1	0	1	1	0xFB
LED3 亮	1	1	1	1	0	1	1	1	0xF7
LED4 亮	1	1	1	0	1	1	1	1	0xEF
LED5 亮	1	1	0	1	1	1	1	1	0xDF
LED6 亮	1	0	1	1	1	1	1	1	0xBF
LED7 亮	0	1	1	1	1	1	1	1	0x7F

在表2-1所示的P1口状态图中，每一种P1口的状态都对应了一个LED的显示状态，在程序中只需要按照顺序将这8种状态赋值给P1口，即可实现LED流水灯效果。

使用数组法进行LED流水灯实验的流程如图2-9所示。

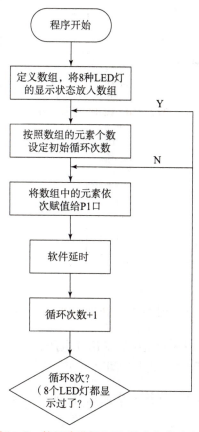

图2-9 数组法进行LED流水灯实验流程

9. LED 呼吸灯

使 LED 灯产生明暗变化的方法有两种：改变通过 LED 灯的电流或改变 LED 灯的通电时间。由于单片机 I/O 口只能输出 5 V 或 0 V 的电压，因此无法通过改变 LED 灯电流的方式来调节 LED 灯的亮度，只能采用改变 LED 灯的通电时间的方式来调节亮度。

如果要对图 2－3 中的 LED0 进行亮度的改变，就需要对 LED0 的通电时间进行改变。假设以 1 s 为一个周期对 LED0 进行点亮，如果不对 LED0 的亮度进行调节，那么在这个 1 s 的周期内，LED0 的状态一直是 LED0 = 0。假设 LED0 = 0 表示亮度为 100%，LED0 = 1 表示亮度为 0，如果将这 1 s 分成两部分：前 0.5 s 点亮，后 0.5 s 熄灭，那么将会看到 LED 灯的闪烁；如果将这 1 s 分成 10 个部分，每个部分的亮度分别为 100%、90%、…、10% 和 0，那么将会看到 10 种不同亮度的 LED 灯；假设将 1 s 分成 100 份，那么将会看到亮度从 100% 到 0 的 100 种不同亮度的 LED 灯，这就是 LED 灯从亮到灭的呼吸效果，实现这种效果的方法称为 PWM（脉冲宽度调制）法，图 2－10 和图 2－11 展示了 PWM 法实现 LED 呼吸灯的过程。

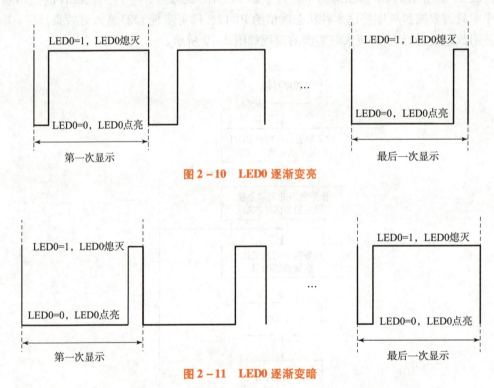

图 2－10　LED0 逐渐变亮

图 2－11　LED0 逐渐变暗

在图 2－10 中，LED0 = 0 时单片机引脚输出 0 电压，称之为断电时间（t_0）；LED0 = 1 时单片机引脚输出 5V 电压，称之为通电时间（t_5）。这两个时间在一起构成了 LED 呼吸灯的一个显示周期，即 $t_0 + t_5 = t$。在第一次显示时，取 $\frac{t_0}{t} = 1\%$，那么 $\frac{t_5}{t} = 99\%$，此时 LED0 的亮度显示为最低。随着周期数的增加，$\frac{t_0}{t}$ 所占比例越来越多，$\frac{t_5}{t}$ 所占比例越来越少，

LED0 的亮度逐渐提高。一直到最后一个周期，此时 $\frac{t_0}{t} = 99\%$，$\frac{t_5}{t} = 1\%$，LED0 的亮度显示为最高。

在图 2-11 中，LED0 由亮变灭，过程和图 2-9 所示过程刚好相反，$\frac{t_0}{t}$ 所占比例越来越少，$\frac{t_5}{t}$ 所占比例越来越多，LED0 的亮度逐渐降低，直至熄灭。

任务实施

1. 点亮多个 LED 灯

1）位操作点亮 8 个 LED 灯

如果想要使用位操作点亮 P1 口所连接的 8 个 LED 灯，就要使 P1.7 ~ P1.0 引脚全部输出低电平，即 P1.7 = 0，P1.6 = 0，…，P1.0 = 0。

请写出实现代码：

2）字节操作点亮 8 个 LED 灯

采用字节操作点亮 8 个 LED 灯时，不需要进行位定义，直接将 "00000000" 赋值给 P2 口即可。

请写出实现代码：

3）字节操作点亮 4 个 LED 灯

请写出用字节操作点亮 P1.1、P1.2、P1.5、P1.7 所连接的 LED 灯的代码：

2. 闪烁单个 LED 灯

按照图 2-6 所示的流程完成闪烁 P1.0 所连接的 LED 灯的代码：

LED 灯闪烁

3. 直接法实现 LED 流水灯

按照图 2-8 所示的流程完成 LED 流水灯的代码：

4. 数组法实现 LED 流水灯

数组法实现 LED 流水灯时，需要预先把 8 个 LED 灯单独点亮时 P1 口的状态放入一个数组 LED [8] 中，然后按照顺序依次取出其中的状态赋值给 P1 口。

请写出定义存储 8 个 LED 灯单独点亮时 P1 口状态的数组和数组法实现 LED 流水灯的代码。

定义数组的代码：

数组法实现
LED 流水灯

数组法实现 LED 流水灯的代码：

5. PWM 法实现 LED 呼吸灯

实现 LED 呼吸灯时，需要单片机的 P1.0 口输出如图 2-10 和图 2-11 所示的波形（PWM 波）。

请写出实现代码：

LED 呼吸灯

 任务拓展

移位法实现 LED 流水灯

在直接法和数组法实现 LED 流水灯的每一个时刻，只有一个灯点亮，随着时间的推移，这个"点亮的状态"由 P1.0 向 P1.7 传递，产生了位置上的移动。根据这种情况，可以使用移位法来进行 LED 流水灯实验。

移位法的思想是将 LED 灯点亮的状态（低电平）由 P1.0 向 P1.7 传递，利用库函数 _crol_（unsigned char c，unsigned char b）（在头文件 intrins.h 中）可以实现这种操作。这个函数的作用是循环左移函数，将高位移出后补到低位。_crol_ 函数有两个无符号字符串类型的输入形参，分别是需要被移位的二进制数（c）和需要移动的位数（b）。例如：

```
m = _crol_(11111110,1);
```

执行完上一条代码后，m 的值变为 11111101。具体的执行过程如图 2-12 所示。

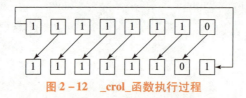

图 2-12 _crol_ 函数执行过程

采用这种方式编写程序，实现将 LED 灯点亮的状态由 P1.0 向 P1.7 移动。

 知识拓展 NEWS

RGB LED 灯

RGB LED 灯是以三原色共同交集成像的一种 LED 灯，实物如图 2-13 所示。

在 RGB LED 灯中，有红色（RED）、绿色（GREEN）和蓝色（BLUE）三种颜色的灯珠，通过改变 RGB 中点亮的灯珠颜色来改变最终的成像颜色。在通常情况下，R、G、B 各有 256（2^8）级亮度（0~255），这 256 级 RGB 色彩共能够组合出 $256 \times 256 \times 256 = 16\ 777\ 216$ 种色彩，通常称为 24 位色（2^{24}），目前所用的显示器大多采用了 RGB 颜色标准。当各颜色的光强度相同时（不通过 PWM 调节颜色），RGB LED 灯共可以产生 8 种颜色不同的光。当各颜色的光亮度相同时，其叠加结果如表 2-2 所示。

图 2-13 RGB LED 灯实物

表 2-2 色光三原色叠加表（1 表示有该颜色，0 表示没有）

R（红色）	G（绿色）	B（蓝色）	成像颜色
0	0	0	无色
1	0	0	红色

R（红色）	G（绿色）	B（蓝色）	成像颜色
0	1	0	绿色
0	0	1	蓝色
1	1	0	黄色
1	0	1	洋红色
0	1	1	青色
1	1	1	白色

单片机驱动 RGB LED 灯的电路如图 2-14 所示。

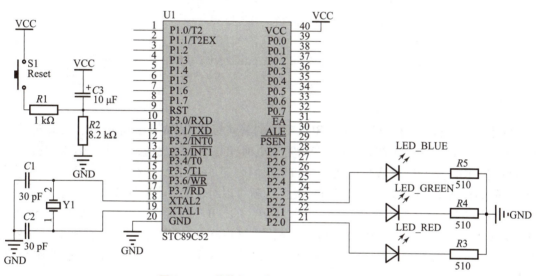

图 2-14　单片机驱动 RGB LED 灯的电路

从电路图中可以看到，要想点亮 R、G、B 三种颜色的灯，需要单片机的引脚输出高电平（1）。因此只需要将实物图的 R、G 和 B 引脚分别连接到单片机的 P2.0、P2.1 和 P2.2 引脚，最下方的引脚连接到单片机的 GND 引脚，然后通过程序控制 P2.0、P2.1 和 P2.2 引脚的电平状态，即可控制 RGB LED 灯产生 8 种不同的颜色，程序如下：

RGB LED 灯

```
1. #include "reg52.h"
2. /*** 位定义红、绿、蓝三个颜色所对应的引脚*** /
3. sbit Red = P2^0;sbit Green = P2^1;sbit Blue = P2^2;
4.
5. void delay(unsigned int t);
6. void delay(unsigned int t)
7. {
8.     while(t--);
```

```
9.  }
10.
11. void main(void)
12. {
13.     while(1)
14.     {
15.         Red = 0;Green = 0;Blue = 0;delay(50000);        //无色
16.         Red = 1;Green = 0;Blue = 0;delay(50000);        //红色
17.         Red = 0;Green = 1;Blue = 0;delay(50000);        //绿色
18.         Red = 0;Green = 0;Blue = 1;delay(50000);        //蓝色
19.         Red = 1;Green = 1;Blue = 0;delay(50000);        //黄色
20.         Red = 1;Green = 0;Blue = 1;delay(50000);        //洋红色
21.         Red = 0;Green = 1;Blue = 1;delay(50000);        //青色
22.         Red = 1;Green = 1;Blue = 1;delay(50000);        //白色
23.     }
24. }
```

除了可以显示这 8 种颜色以外，RGB LED 灯还可以使用 PWM 法实现 24 位真彩色效果。使用 PWM 法改变 LED 灯的亮度时改变的是通电时间与周期的比值，这个比值称为占空比，即改变占空比就是 LED 呼吸灯的实质。如果我们改变了占空比，就可以改变某种颜色光的光强，通过改变 R、G、B 三种颜色光的光强，就可以组合出多彩霓虹灯。

为了使 RGB LED 灯产生 24 位色，可以将 R、G、B 三种颜色灯都设置成 $2^8 = 256$ 种光强，通过这三种光在不同光强下的颜色组合，就可以产生 24 位色。如果想要显示粉色的光，就要预先知道粉色光所对应的 R、G、B 的值，这个值可以在电脑的取色器中找到，如图 2-15 所示。

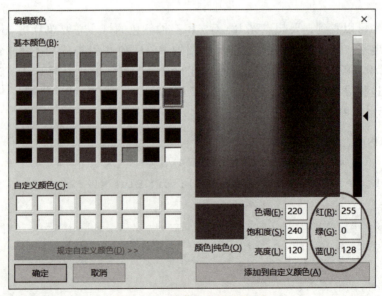

图 2-15 任意色彩的 RGB 值

如果设定每种颜色的光强 255 为最亮，0 为熄灭，那么产生粉色的光就需要红光最亮，绿光熄灭，蓝光光强为 128，具体程序如下：

```c
1. #include "reg52.h"
2. unsigned char t = 255;//定义每个周期显示时间为255,为了方便改变256种光
   强
3.
4. /**** 位定义与 R、G、B 三个 LED 灯相连接的单片机引脚**** /
5. sbit LED_RED = P2^0;    sbit LED_GREEN = P2^1;  sbit LED_BLUE = P2^2;
6.
7. void delay(unsigned int i);
8. void NeonLamp(unsigned char R,unsigned char G,unsigned char B);
9.
10. void delay(unsigned int i)
11. {
12.    while(i--);
13. }
14.
15. void NeonLamp(unsigned char R,unsigned char G,unsigned char B)
16. {
17.    //输入参数 R、G、B 分别为三种颜色的光的光强,取值范围为 0~255
18.
19.    /**** 显示对应 R 值的红光光强**** /
20.    LED_RED = 0;delay(R);
21.    LED_RED = 1;delay(t-R);
22.
23.    /**** 显示对应 G 值的绿光光强**** /
24.    LED_GREEN = 0;delay(G);
25.    LED_GREEN = 1;delay(t-G);
26.
27.    /**** 显示对应 B 值的蓝光光强**** /
28.    LED_BLUE = 0;delay(B);
29.    LED_BLUE = 1;delay(t-B);
30. }
31.
32. void main(void)
33. {
34.    while(1)
35.    {
```

LED 霓虹灯

```
36.         //各个颜色的光所对应的 R、G、B 值可以在电脑的取色器中得到
37.         NeonLamp(255,0,128);    //显示粉色的光
38.     }
39. }
```

上述程序可以实现通过输入 R、G、B 颜色光的光强来达到显示 24 位色 LED 灯的目的。程序中 NeonLamp（unsigned char R，unsigned char G，unsigned char B）函数是霓虹灯显示函数，共有三个形参 R、G、B，均为字符型变量（取值范围为 0~255，对应 256 种光强），在这个函数内，通过 PWM 法来进行各颜色光的光强设定。只需要输入 R、G、B 颜色光的光强即可显示不同颜色的光。在主程序中，调用这个函数即可显示想要显示的颜色，具体各个颜色的光所对应的 R、G、B 值可以在电脑的取色器中得到。

任务 2-2　按键检测系统的设计与实现

知识目标

1. 熟悉独立按键的基本知识，掌握软件消抖的方法。
2. 学会单片机检测独立按键按下与抬起的方法。

技能目标

1. 根据独立按键控制 LED 灯的硬件电路图编写程序，实现按下按键点亮 LED 灯，抬起后熄灭 LED 灯。
2. 根据独立按键控制 LED 灯的硬件电路图编写程序，实现按一次按键，LED 灯的状态改变一次。

素养目标

培养学生积极探索的工作态度、团队协作的精神和理论联系实际、探索创新的良好习惯。

任务描述

使用单片机驱动 LED 灯时，单片机开发板一上电，LED 灯一直处于点亮状态，如果想熄灭 LED 灯，需要关闭单片机的电源。而有时单片机在点亮 LED 灯时还在执行其他操作，这时如果通过关闭单片机来熄灭 LED 灯就会中断其他操作，这是不允许的。本任务就利用独立按键来控制 LED 灯，实现在不关闭单片机电源的情况下点亮和熄灭 LED 灯。

相关知识

1. 独立按键

键盘是一种最常用的输入设备，通过键盘可以将指令和数据输入控制器中，使控制器完

成一个或一系列命令。常见的键盘有两类：触点式开关按键和无触点式开关按键。触点式开关按键的典型代表是机械式触点开关按键，如机械键盘上的按键；无触点式开关按键的典型代表是电容式触摸按键，如触摸开关。下面就介绍一种常见的触点式开关按键——独立按键。

独立按键是一种电子开关，使用时只需要轻轻按下开关的按钮即可使开关接通，松开手开关断开。常见独立按键的实物和电路如图 2-16 所示。

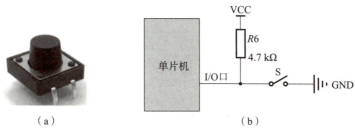

图 2-16　独立按键
(a) 实物；(b) 电路

在图 2-16（b）中可以看到，独立按键的实质是一个开关。在理想状态下，按一下开关 S，此时单片机的 I/O 口与 GND 连接，相当于给单片机的 I/O 口一个低电平（0）的输入；抬起开关 S，此时单片机的 I/O 口与电阻和 VCC 相连，相当于给单片机的 I/O 口一个高电平（1）的输入。但是由于在按下和抬起的过程中人手抖动，会使 S 按下、抬起几次后才稳定在一个按下或抬起的最终状态。这种情况叫作按键的机械抖动。由于有这个抖动的产生，单片机的 I/O 口的输入状态会在高、低电平之间变化几次（通常为 5~10 ms），然后其电平状态才会稳定下来。其理想状态和抖动状态下的电平状态如图 2-17 所示。

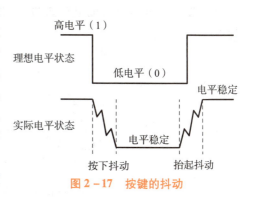

图 2-17　按键的抖动

在图 2-17 中可以看到，在理想状态下，按下和抬起时的电平是稳定的。而在实际状态下，由于按下和抬起时有抖动现象，所以要经过一段时间（常为 5~10 ms）后，电平才会处于稳定状态。由于有这样的抖动现象，单片机在读取 I/O 口的电平时会产生误读信号，从而产生错误的判断，所以应当采取适当的措施来消除这种抖动。

消除按键抖动的方式有两种：硬件消除抖动和软件消除抖动。硬件消抖的方式是在开关两端并联电容，通过 RC 电路的特性来保持电平状态；软件消抖是利用软件的延时来消除抖动。下面来讲解软件消抖。

软件消抖的思想是在单片机第一次检测到有按键按下或抬起时，执行一个 5~10 ms 的延时程序。为了防止误操作，通常将时间选得长一些，选取 10ms 的延时来进行判断。在这个延时的时间内，不进行任何按键判断操作。当延时时间到后，再进行一次按键检测，如果此时仍然能够检测到按下或抬起信号，就说明真正有按键按下或抬起。通过延时，能够消除掉抖动信号对真正信号的干扰，从而使单片机能够读取到正确的信号。软件消抖的流程如图 2-18 所示。

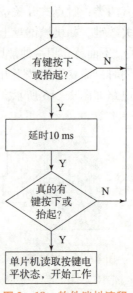

图 2 – 18　软件消抖流程

2. 独立按键控制 LED 灯

独立按键控制 LED 灯的电路如图 2 – 19 所示（为了使电路表达得更清楚，省去了晶振电路和复位电路）。

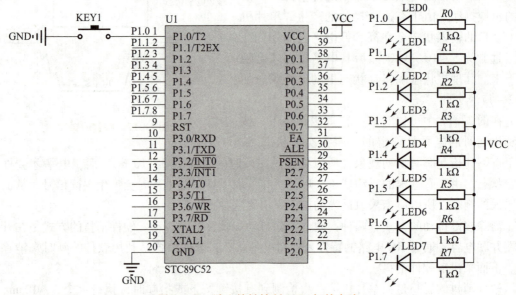

图 2 – 19　独立按键控制 LED 灯的电路

在图 2 – 19 中，独立按键 KEY1 与单片机的 P1.0 引脚相连，当按下 KEY1 时，P1.0 引脚会直接和 GND 相连，此时 P1.0 引脚的输入电压是 0，即低电平。根据图 2 – 18 所示流程与图 2 – 19 所示电路可以进行独立按键是否按下的判断（软件消抖），具体的程序与流程的对应关系如图 2 – 20 所示。

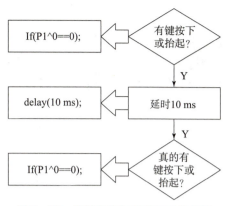

图 2-20　消抖程序与流程的对应关系

3. if/else…if 语句

在进行独立按键是否按下的判断及软件消抖时，需要用到 if/else…if 语句。if/else…if 语句的格式为：

```
1. if(判断条件 1)
2. {
3.     语句 1(语句块 1);
4. }
5. else if(判断条件 2)
6. {
7.     语句 2(语句块 2);
8. }
9. ……
10. else if(判断条件 n)
11. {
12.     语句 n(语句块 n);
13. }
```

该语句从上到下依次进行判断条件的检测，当某个判断条件成立时，则执行其对应大括号内的语句，执行完毕后跳出 if/else…if 语句，去执行 if/else…if 语句后面的语句。if/else…if 语句中，最终只有一个语句块能够被执行。

独立按键检测

1. 按下按键 LED 灯点亮，抬起按键 LED 灯熄灭的程序

根据图 2-19 所示的原理图可知，当按下按键 KEY1 后，单片机需要通过软件消抖的方式来判断按键是否真的被按下，一旦真的被按下，点亮 LED0；当单片机检测到按键抬起时，即 P1.0 引脚由低电平变为高电平后，熄灭 LED0，即可实现按下按键 LED 灯点亮，抬起按

键 LED 灯熄灭。

具体步骤为：

（1）检测 P1.0 引脚的是否为低电平。

（2）延时一段时间进行消抖。

（3）再次检测按键 P1.0 是否为低电平，如果仍然是低电平，点亮 LED0。

（4）判断按键是否抬起（P1.0 是否为高电平），如果抬起，熄灭 LED0。

请写出实现代码：

2. 按下按键点亮 LED 灯，抬起按键 LED 灯保持点亮，再次按下按键熄灭 LED 灯，抬起按键 LED 灯保持熄灭的程序

请写出实现代码：

3. 按下按键 LED 灯状态保持不变，抬起按键 LED 灯点亮，再次按下按键 LED 灯状态仍然不变，抬起按键 LED 灯熄灭的程序

仿照上面的程序，写出实现代码：

4. 按下按键改变 LED 流水灯流动方向的程序

在图 2-19 所示电路图中的 P3.2 引脚连接一独立按键，实现以下功能：初始时，LED 流水灯的移动方向为 LED0→LED7，按下按键后，LED 流水灯的移动方向为 LED7→LED0。

写出实现代码：

抢答器

抢答器的设计

抢答器是一种在竞赛、文体娱乐活动中，能准确、公正且直观地判断出抢答者座位号的电器。在使用一般的抢答器时，抢答者通过按下对应的按钮来进行抢答。抢答时，哪个抢答者率先按下按钮，对应的灯点亮，并且随后按下的按钮均为无效抢答，即其余灯不亮。在一轮抢答结束后，出题者按下重置按钮，所有灯恢复熄灭状态，重新开始下一轮抢答。

在设计抢答器时，可使用如图 2-21 所示的电路。

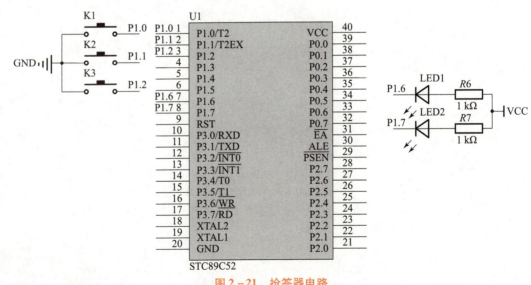

图 2-21　抢答器电路

在图 2 - 21 中，K1、K2 是抢答按键，K3 是复位按键，LED1 和 LED2 分别是对应 KEY1、KEY2 按下时的 LED 灯。当 KEY1 和 KEY2 中的某个按键按下时，对应的 LED 灯点亮，代表这个选手按下了抢答按下，此时另一选手的按键无效。

在抢答器中，某个按键按下后另一按键无效的情况类似于电气互锁。电气互锁是将这两个继电器的常闭触电接入另一个继电器的线圈控制回路里。这样，一个继电器得电动作，另一个继电器线圈上就不可能形成闭合回路。而在单片机的按键互锁中，我们使用软件逻辑互锁，具体原理如下：首先定义一个判断按键按下的位变量，增加一个判断语句来判断这个位变量的值。通过判断这个位变量的值就可以知道是否有其余按键按下，如果有，就代表已经有按键按下，就不再判断其余按键是否被按下；如果没有，再判断某个按键是否被按下。

例如下面这段语句：

```
1. #include "reg52.h"
2. void Test(void)
3. {
4.     bit flag = 0;        //定义一个位变量 flag,作为已按下按键的标志
5.     while(! flag)      //flag = 0 时,进入循环(检测按键);flag = 1 时,代表有人按下按键,不再进行按键检测
6.     {
7.         if(KEY1 == 0)        //如果 KEY1 按下,进行按键检测,软件消抖
8.         {
9.             delay_ms(10);
10.            if(KEY1 == 0)
11.            {
12.                LED1 = 0;        //检测到 KEY1 真的按下后,LED1 点亮,flag 置 1
13.                flag = 1;        //flag 置 1 后,再次进入这个函数时,不会再进入
14.                                //while(! flag)循环,即所有按键失效
15.            }
16.        }
17.        else if(KEY2 == 0)      //如果 KEY2 按下,进行按键检测,软件消抖
18.        {
19.            delay_ms(10);
20.            if(KEY2 == 0)
21.            {
22.                LED2 = 0;        //检测到 KEY2 真的按下后,LED2 点亮,flag 置 1
23.                flag = 1;        //flag 置 1 后,再次进入这个函数时,不会再进入
```

```
24.                              //while(! flag)循环,即所有按键失效
25.              }
26.          }
27.
28. void main(void)
29. {
30.     while(1)
31.     {
32.         Test();                //调用 Test 函数
33.     }
34. }
```

当按下 KEY1 或 KEY2 后,对应的 LED 灯就被点亮,这时如果再去按另一个按键,其对应的 LED 灯也不会被点亮。这是因为按下某个按键后,flag 被置 1,此时不会再进行按键按下的判断,也就相当于把这个按键的按下状态锁住了。

请根据图 2 – 21 所示电路图与软件互锁原理,完成抢答器的程序。

 知识拓展

矩阵键盘

矩阵键盘是单片机外设中所使用的排布类似于矩阵的独立按键组,它可以实现利用较少的 I/O 口控制较多的独立按键。图 2 – 22 所示为一种 16 键的矩阵键盘,它可以实现 8 个 I/O 控制 16 个按键的功能。

图 2 – 22　矩阵键盘
(a) 实物;(b) 电路

使用 51 单片机检测矩阵键盘可以使用图 2 – 23 所示电路。16 键的矩阵键盘连接到了单片机的 P1 口,可以通过检测 P1 口的电平值来判断具体哪个按键按下,判断矩阵键盘某个键被按下的常用方法是行列扫描法,它的原理就是先确定按下的按键所处的行坐标,再确定列坐标,最终确定一个具体位置。

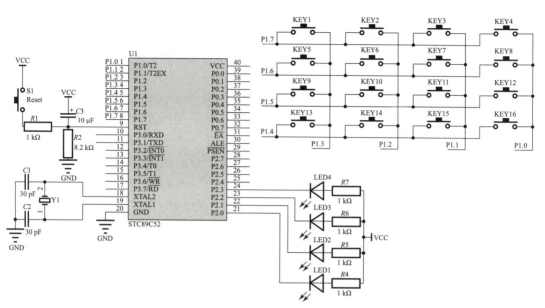

图 2 - 23　矩阵键盘控制 LED 灯的电路

在图 2 - 23 所示的矩阵键盘电路中，矩阵键盘的 1、2、3、4 行接到了单片机的 P1.7 ~ P1.4 引脚，1、2、3、4 列接到了单片机的 P1.3 ~ P1.0 引脚。在使用行列扫描法确定按下的按键具体位置时，首先令 P1 = 0xF0（高四位为高电平），如果这 4 行按键中的某个按键被按下，假设为 KEY2，那么就会将 P1.7 和 P1.2 接通，导致 P1.7 引脚的电平拉低，此时 KEY2 的行坐标就被确定；再令 P1 = 0x0F（低四位为低电平），那么就会将 P1.2 引脚的电平拉低，此时 KEY2 的列坐标就被确定。以如图 2 - 23 所示的电路为例，如果想要实现按下矩阵键盘中不同的按键，使 P2.0 ~ P2.3 所连接的 LED 灯处于不同状态，可以使用如下程序：

```
1. #include "reg52. h"
2. unsigned char KeyValue;//用来存放读取到的键值
3.
4. void KeyDown(void);
5. void LED(unsigned char k);
6.
7. void delay(unsigned int t)
8. {
9.     while(t --);
10. }
11.
12. void KeyDown(void)
13. {
14.     P1 = 0x0F;
15.     if(P1 != 0x0F)                    //如果有键被按下,那么 P1≠0x0F
```

矩阵键盘

```
16.        {
17.            delay(1000);           //延时消抖
18.            if(P1!=0x0F)                //再次检测是否有键被按下
19.            {
20.                P1=0x0F;                //P1 低四位输出高电平
21.                switch(P1)          //根据 P1 口的电平值来确定按键的列坐标
22.                {
23.                    case(0x07):KeyValue=1;break;
24.                    case(0x0B):KeyValue=2;break;
25.                    case(0x0D):KeyValue=3;break;
26.                    case(0x0E):KeyValue=4;break;
27. /* P1=0x07,第一列有键被按下;P1=0x0B,第二列有键被按下;
28. P1=0x0D,第三列有键被按下;P1=0x0E,第四列有键被按下。*/
30.                }
31. //第一个 switch case 执行完后,列坐标被确定
32.                P1=0xF0;                //P1 的高四位输出高电平
33.                switch(P1)          //根据 P1 口的电平值来确定按键的行坐标
34.                {
35.                    case(0x70):KeyValue=KeyValue;break;
36.                    case(0xB0):KeyValue=KeyValue+4;break;
37.                    case(0xD0):KeyValue=KeyValue+8;break;
38.                    case(0xE0):KeyValue=KeyValue+12;break;
39. /* P1=0x70,第一行有键被按下;P1=0XB0,第二行有键被按下;
40. P1=0XD0,第三行有键被按下;P1=0XE0,第四行有键被按下。*/
41.                }
42. //第二个 switch case 执行完后,行坐标被确定,键值被保存在 KeyValue 内
43.                while(P1!=0xF0);        //按键松手检测,当按键抬起(P1=0xF0)
后跳出循环
44.            }
45.        }
46. }
47.
48. void LED(unsigned char k)
49. {
50.     switch(k)    //对键值进行判断,每个键值对应一个 LED 灯的状态
51.     {
52.         case(1):    P2=0xFF;break;  case(2):    P2=0xFE;break;
53.         case(3):    P2=0xFD;break;  case(4):    P2=0xFC;break;
54.         case(5):    P2=0xFB;break;  case(6):    P2=0xFA;break;
```

```
55.       case(7):    P2 = 0xF9;break;   case(8):     P2 = 0xF8;break;
56.       case(9):    P2 = 0xF7;break;   case(10):    P2 = 0xF6;break;
57.       case(11):   P2 = 0xF5;break;   case(12):    P2 = 0xF4;break;
58.       case(13):   P2 = 0xF3;break;   case(14):    P2 = 0xF2;break;
59.       case(15):   P2 = 0xF1;break;   case(16):    P2 = 0xF0;break;
60.    }
61. }
62.
63. void main(void)
64. {
65.    while(1)
66.    {
67.        KeyDown();              //按键判断函数
68.        LED(KeyValue);          //点亮 LED 灯函数
69.    }
70. }
```

整个程序分为三部分：判断矩阵键盘中键按下的部分、点亮 LED 灯的部分和主程序部分。

（1）判断矩阵键盘中键按下的部分。在这部分程序中，首先要将 P1 口高 4 位的电平拉高，然后判断 P1 口的电平值：当 P1 = 0xF0 时，证明没有键按下，不进入 if 判断语句；当 P1 ≠ 0xF0 时，证明某一行有按键被按下，然后进行延时消抖。当消抖后 P1 的状态还处于 P1 ≠ 0xF0 时，证明真的有按键被按下，此时就利用行列扫描法来确定被按下的键的位置（键值）：用 P1 = 0xF0 来检测被按下的按键所处的行，用 P1 = 0x0F 来检测被按下的按键所处的列。当行、列的位置都被确定后，将该键的位置（键值）存入 KeyValue 中。

（2）点亮 LED 灯的部分。在这部分程序中定义了一个点亮 LED 灯的函数 LED（unsigned char k），其中输入的形参为无符号的字符型变量，然后利用 switch case 语句对 k 的值进行判断，满足某一个条件后就点亮对应的 LED 灯。

（3）主程序部分。在主程序中，首先调用 KeyDown 函数，这个函数执行完毕后，会将按下的按键键值保存在 KeyValue 中，然后将 KeyValue 作为实参传入 LED 函数，点亮 KeyValue 值所对应的 LED 灯。

项目3　中断系统的设计与实现

任务3-1　外部中断控制 LED 灯

知识目标

1. 熟悉中断的基本概念，掌握51单片机中断系统的组成及工作原理。
2. 学会中断服务函数的编写方法。

技能目标

1. 根据51单片机中断系统的工作原理，配置外部中断0和外部中断1，使之能够被 CPU 响应。
2. 根据外部中断控制 LED 灯的硬件电路图编写程序，实现外部中断控制 LED 灯的亮灭。

素养目标

培养学生严谨细致的工作作风和精益求精的工匠精神。

任务描述

在我们看手机视频时，如果突然来了一个电话，手机就会退出正在打开的 APP 界面而转向接电话的界面，也就是说电话 APP 中断了视频 APP。在单片机中也有类似的中断现象，适当使用中断不仅可以帮我们更好地完成具体功能，还可以提高单片机 CPU 的效率。本任务就使用外部中断来控制 LED 灯的亮灭。

相关知识

1. 中断的基本概念

在日常生活中，往往会出现在某时刻手头有事情要处理，此时又有其他事情要我们去处理的情形。例如在宿舍看视频，这时有人敲门，我们往往会暂停视频，转而去开门，开完门以后再回到电脑或手机前，继续看视频。这种停止当前的事件，转而去完成其他事件，最后又回来继续一开始的事件的现象，称为中断，中断的实际案例示意图如图 3-1 所示。

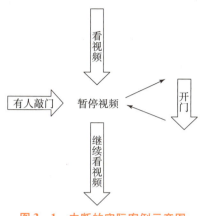

图 3 - 1　中断的实际案例示意图

在单片机中，也有类似于上述中断的现象：当 CPU 在执行某段程序时，如果突然有特殊情况发生，这时 CPU 就需要停止当前正在执行的程序，转而去执行特殊情况所对应的程序，当特殊情况的程序执行完后，再继续执行原来的程序。

在图 3 - 1 所示的过程中，看视频这个动作就是程序中的主程序，有人敲门这个动作就是一个触发中断的特定程序，称为中断源。在中断源产生后，CPU 会中断主程序，即看视频这个动作被暂停，转而去执行开门这个动作。其中暂停视频称为断点，而开门这个动作就称为在中断源作用下的特定程序——中断服务程序。把图 3 - 1 中的实际案例用单片机的专用术语解释后，就可以得到单片机的中断示意图，如图 3 - 2 所示。

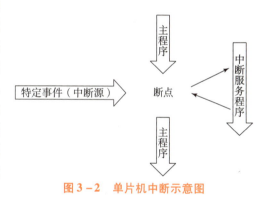

图 3 - 2　单片机中断示意图

2. 51 单片机中断系统

1）中断源及中断优先级

51 单片机的中断源所对应的中断号、引脚、触发方式及默认优先级如表 3 - 1 所示。

表 3 - 1　51 单片机各中断源对应的中断号、引脚及优先级

中断源	中断号	对应引脚	触发方式	默认优先级
$\overline{INT0}$	0	P3.2	低电平或下降沿触发	高 ↓ 低
T0	1	P3.4	T0 溢出后触发	
$\overline{INT1}$	2	P3.3	低电平或下降沿触发	
T1	3	P3.5	T1 溢出后触发	
RI 或 TI	4	P3.6	接收或发送一帧数据后触发	

表 3 - 1 中共有 5 个中断源，分别是 $\overline{INT0}$（外部中断 0）、T0（定时器 0 中断）、$\overline{INT1}$

（外部中断1）、T1（定时器1中断）及RI或TI（串行口中断），其对应的中断号分别为0～4，对应引脚分别为P3.2、P3.4、P3.3、P3.5、P3.6。

触发方式一栏中表明了各个中断源的触发条件。例如外部中断0请求，需要低电平或下降沿触发，即P3.2口有低电平或下降沿时，并且配置好中断的相关寄存器后，就会触发外部中断0，进入与外部中断0的中断号0相同的中断服务子程序中去执行程序。

默认优先级一栏表明了当同时有两个或两个以上的中断源同时发出中断请求信号时，CPU响应中断的顺序：先响应高优先级中断，再响应低优先级中断。

2）51单片机中断系统的组成

51单片机的中断系统由5个中断源、中断允许寄存器IE、中断优先级寄存器IP、特殊功能寄存器TCON和串口通信控制寄存器SCON组成。

（1）5个中断源。51单片机的5个中断源分别是外部中断0中断源$\overline{INT0}$、定时/计数器0中断源T0、外部中断1中断源$\overline{INT1}$、定时/计数器1中断源T1及串行口中断源TX和RX。

（2）中断允许寄存器IE。CPU对所有中断以及某个中断源的响应与否是由中断允许寄存器IE控制的，中断允许寄存器IE各位的含义如表3-2所示。

表3-2　中断允许寄存器IE各位的含义

D7	D6	D5	D4	D3	D2	D1	D0
EA	XXX	XXX	ES	ET1	EX1	ET0	EX0

EA：中断允许总控制位。EA=0，禁止所有中断；EA=1，中断是否开启取决于各分控位。

EX0：外部中断0中断允许位。EX0=0，禁止外部中断0；EX0=1，允许外部中断0。

ET0：定时/计数器0中断允许位。ET0=0，禁止定时/计数器0中断；ET0=1，允许定时/计数器0中断。

EX1：外部中断1中断允许位。EX1=0，禁止外部中断1；EX1=1，允许外部中断1。

ET1：定时/计数器1中断允许位。ET1=0，禁止定时/计数器1中断；ET1=1，允许定时/计数器1中断。

ES：串行口中断允许位。ES=0，禁止串行口中断；ES=1，允许串行口中断。

例如我们想要CPU响应外部中断0的中断请求，则需要EA=1，EX0=1。

（3）中断优先级寄存器IP。当CPU有多个中断源请求中断时，要用中断优先级寄存器IP进行优先级的设定，中断优先级寄存器IP各位的含义如表3-3所示。

表3-3　中断优先级寄存器IP各位的含义

D7	D6	D5	D4	D3	D2	D1	D0
XXX	XXX	XXX	PS	PT1	PX1	PT0	PX0

PX0：外部中断0中断优先级设置位。PX0=0，设置外部中断0为低优先级；PX0=1，设置外部中断0为高优先级。

PT0：定时/计数器0中断优先级设置位。PT0=0，设置定时/计数器0中断为低优先级；PT0=1，设置定时/计数器0中断为高优先级。

PX1：外部中断1中断优先级设置位。PX1=0，设置外部中断1为低优先级；PX1=1，设置外部中断 1 为高优先级。

PT1：定时/计数器 1 中断优先级设置位。PT1 = 0，设置定时/计数器 1 中断为低优先级；PT1 = 1，设置定时/计数器 1 中断为高优先级。

PS：串行口中断优先级设置位。PS = 0，设置串行口中断为低优先级；PS = 1，设置串行口中断为高优先级。

（4）特殊功能寄存器 TCON。特殊功能寄存器 TCON 是用来设置外部中断触发方式及开启/关闭定时器的寄存器，特殊功能寄存器 TCON 各位的含义如表 3 - 4 所示。

表 3 - 4　特殊功能寄存器 TCON 各位的含义

D7	D6	D5	D4	D3	D2	D1	D0
TF1	TR1	TF0	TR0	IE1	IT1	IE0	IT0

IT0/IT1：外部中断 0/外部中断 1 触发方式控制位。如果在程序中设置 IT0 或 IT1 为"0"，那么外部中断 0 或外部中断 1 为低电平触发，即 P3.2 或 P3.3 引脚出现低电平时产生中断信号；如果在程序中设置 IT0 或 IT1 = 1，那么外部中断 0 或外部中断 1 为下降沿触发，即 P3.2 或 P3.3 引脚出现下降沿时产生中断信号。

IE0/IE1：外部中断 0/外部中断 1 的中断请求标志位。当有外部中断请求信号由 P3.2 或 P3.3 输入时，IE0 或 IE1 会被置"1"。

TR0/TR1：定时/计数器 0 和定时/计数器 1 的开启位。如果在程序中将 TR0 或 TR1 设置为"1"，那么定时/计数器 0 或定时/计数器 1 会开始工作；如果在程序中将 TR0 或 TR1 设置为"0"，那么定时/计数器 0 或定时/计数器 1 会停止工作。

TF0/TF1：定时/计数器 0 和定时/计数器 1 的中断请求标志位。当定时/计数器 0 或定时/计数器 1 产生溢出中断时，TF0 或 TF1 会被置"1"。

（5）串口通信控制寄存器 SCON。串口通信控制寄存器 SCON 是用来控制串行通信口的工作方式，并且能够反映串行通信口的工作状态的寄存器。串口通信控制寄存器 SCON 的各位含义如表 3 - 5 所示。

表 3 - 5　串口通信控制寄存器 SCON 各位的含义

D7	D6	D5	D4	D3	D2	D1	D0
SM0	SM1	SM2	REN	TB8	RB8	TI	RI

在表 3 - 5 中，与串行口中断有关的位一共有两个——TI 和 RI，其余位是用来对串行通信的工作方式进行设定的，将在下个项目中说明。

TI/RI：串口通信发送/接收中断标志位。在串口通信时，每发送/接收完一帧数据，单片机的串口会将 TI/RI 置"1"，表明此时数据已经发送/接收完毕，然后向单片机发送中断请求信号。

值得注意的是，当单片机执行完串口通信的中断服务程序后，RI/TI 位不会自动置"0"，需要在程序中对其进行手动清零。

3）51 单片机中断系统的工作原理

在单片机出厂后，中断系统默认是关闭的，如果想要使用某个中断，必须通过编程的方式设置与该中断相关的寄存器的某些位的值，并且为该中断编写中断服务程序，以外部中断

0（INT0）为例，如果想要使用该中断，应当进行以下设置：

（1）触发方式的设定。以下降沿触发为例（P3.2 口接地即可实现），设置特殊功能寄存器 TCON 中的 IT0 为1，即 IT0 = 1（TCON = 0x01）。

（2）打开 CPU 中断总控位。将中断允许寄存器 IE 中的总控位 EA 设置为1，即 EA = 1，使单片机允许所有的中断。

（3）打开外部中断 0 中断允许位。将中断允许寄存器 IE 中外部中断 0 的中断允许位 EX0 设置为1，即 EX0 = 1，允许单片机响应的中断（经过②和③的设置后，IE 的值为 81H，即 IE = 0x81）。

（4）设定外部中断 0 的中断优先级。当只使用一个中断时，不需要对中断优先级寄存器 IP 进行设置，默认 PX0 = 0。如果有多个中断源同时请求，就需要按照实际情况对 IP 进行设置。

通过以上设置，单片机响应中断的过程如下：当单片机的INT0端（P3.2 引脚）有下降沿输入时，由于设置了 IT0 = 1，即单片机认为外部有中断信号进入单片机，然后单片机先查询 EX0 是否为1，当 EX0 为1时，再查询 EA 是否为1。当这两位均为1时，单片机开始响应中断，最后进入中断号为 0 的中断服务程序中执行程序。

3. 51 单片机的中断服务函数

在程序中可以用"（返回值）函数名（返回值）interrupt n using m"的格式定义一个中断服务函数，其中 interrupt 是定义中断函数的关键字，n 是中断源的编号，具体的编号值见表 3 – 1，m 是用来保护中断断点的寄存器组，共有 4 组，m = 0 ~ 3。如果程序中只有一个中断，可以不写 using m；当程序中有多个中断时，不同的中断应当使用不同的 m。

例如外部中断 0 的中断服务函数的格式如下：

```
1. void Int0()interrupt 0 using 0
2. //单片机响应外部中断 0 后会进入该程序
3. {
4.     //在此处编写需要在中断中处理的程序
5.
6. }
```

任务实施

1. 外部中断 0 控制 LED 灯的程序

外部中断

（1）使用外部中断 0 控制 LED 灯时，需要先对外部中断 0 相关的寄存器进行配置，具体步骤如下：

①配置 IP 寄存器中的 PX0 位，用来设定外部中断 0 的中断优先级（只有一个中断时可以不用配置）。

②配置 TCON 寄存器中的 IT0 位，用来设定外部中断 0 的触发方式。

③配置 IE 寄存器中的 EX0 位，允许单片机响应外部中断 0。

④配置 IE 寄存器中的 EA 位，允许单片机响应中断。

经过上述 4 个步骤，一旦 P3.2 引脚有低电平输入，单片机就会响应外部中断 0，并进入中断号为 0 的中断服务程序中执行程序。将这 4 个步骤的设置程序写在一个外部中断 0 的初始化函数 Int0_Init( ) 中，请写出实现代码。

```
void Int0_Init()
{



}
```

（2）编写完外部中断 0 的初始化函数后，在 main( ) 函数中调用即可，调用完毕后，使用一条 while(1) 循环语句等待 P3.2 口的下降沿。请写出实现代码。

```
sbit int0 = P3^2;
sbit LED = P1^0;
void main()
{



}
```

（3）当 P3.2 口有下降沿信号时，单片机会响应外部中断 0，并进入外部中断 0 的中断服务函数中执行中断程序。请写出外部中断 0 的中断服务函数，实现外部中断 0 控制 LED 灯。

2. 外部中断 1 控制 LED 灯的程序

仿照外部中断 0 控制 LED 灯的程序，写出外部中断 1 控制 LED 灯的代码。

任务 3-2　定时器中断控制 LED 灯

知识目标

1. 熟悉单片机定时/计数器的基本功能，掌握 51 单片机定时/计数器的相关寄存器及工作方式。
2. 学会定时器初值的计算方法，熟练掌握定时器的工作过程。

技能目标

根据定时/计数器控制 LED 灯以固定频率闪烁的硬件电路图编写程序，实现 LED 灯以 20 Hz 和 1 Hz 的频率进行闪烁。

素养目标

提升实践精神，在实践中对接理论知识；提升劳动意识，对接职业标准，做一名合格的机电工程师。

任务描述

日常生活中，常常看到某些灯以一个固定的频率进行闪烁，例如闪烁的黄色交通灯，它指示我们减速慢行，再如设备上突然闪烁的红灯，往往代表设备出现了某种故障。本任务就利用 51 单片机的定时/计数器，实现 LED 灯以某个固定的频率进行闪烁。

相关知识

我们使用的 51 单片机内部有 T0 和 T1 两个 16 位的定时/计数器，它们是由两个 8 位的计数器 THx（高 8 位）和 TLx（低 8 位）构成的（x = 0 或 1）。它们既可以用作定时器，也可以用作计数器，具体功能需要用程序来设置。

1. 定时/计数器的基本功能

1）定时器功能

当T0和T1用作定时器时，可以用来产生一个精确的时间，这时单片机使用的是内部时钟信号。例如单片机控制LED灯以1 Hz的频率进行闪烁时，就可以用定时器来产生这个1 ms的时间，这个时间是非常精确的。51单片机的时钟振荡器（晶振）可以产生12 MHz的时钟脉冲，经过内部12分频后得到1 MHz的脉冲信号，一个脉冲信号的时间是1 μs。如果将定时器配置成16位的定时器，那么这个16位定时器一共可以进行的计数次数为 $2^{16} = 65\ 536$ 次，即计数值从0计到65 535，共65 536 μs = 65.536 ms。当定时器经过65.536 ms后，计数会到最大值，此时会产生溢出。一旦定时器溢出，就会输出一个中断请求信号到中断系统，当中断系统接收到定时器的中断信号后，就回去执行响应的中断服务程序。

如果不对定时器进行任何设置，定时器只有在65.536 ms后（计数65 536次后）才产生溢出，因此如果想定时的时间小于65.536 ms，就需要预先给定时器一个初始值，让定时器从这个初始值开始计数。例如想要产生一个10 ms的定时，就需要给定时器的初始值设定在55 535，这时定时器会从55 535开始计数，一直向上计数到65 535停止，这时就会经过10 ms产生溢出。

2）计数器功能

当T0和T1用作计数器时，可以用来对外部的输入脉冲进行计数。例如有一个房间，只允许固定人数的人进入，假定为100人，那么就可以利用计数器来完成这个功能，即计数器计到100后，关闭房间门，使外部人员无法进入。和定时器功能类似，计数器最大也可以产生65 536个计数。例如规定某个房间最多有100个人进入，那么可以预先给计数器一个65 436的初始值，当有人开始进入时，计数器开始工作，直到第100个人进入后，计数器溢出，产生中断，此时在中断服务程序中编写关闭房间门的程序即可。

2. 定时/计数器的相关寄存器

如果想要实现定时/计数器的功能，常常用到中断，因此定时/计数器的设置也要涉及中断相关的寄存器。定时/计数器涉及的寄存器有中断允许寄存器IE、特殊功能寄存器TCON、中断优先级寄存器IP和工作方式控制寄存器TMOD。其中中断允许寄存器IE和中断优先级寄存器IP是用来对定时/计数器的中断打开与否和中断优先级进行设置的，而特殊功能寄存器TCON和工作方式寄存器TMOD则是来控制定时/计数器的。

1）中断允许寄存器IE

中断允许寄存器IE在前面已经进行了介绍，其各位含义如表3-2所示，其中涉及定时/计数器设置的位有：

ET0：定时/计数器0中断允许位。ET0 = 0，禁止定时/计数器0中断；ET0 = 1，允许定时/计数器0中断。

ET1：定时/计数器1中断允许位。ET1 = 0，禁止定时/计数器1中断；ET1 = 1，允许定时/计数器1中断。

2）中断优先级寄存器 IP

中断优先级寄存器 IP 在前面已经进行了介绍，其各位含义如表 3 - 3 所示，其中涉及定时/计数器设置的位有：

PT0：定时/计数器 0 中断优先级设置位。PT0 = 0，设置定时/计数器 0 中断为低优先级；PT0 = 1，设置定时/计数器 0 中断为高优先级。

PT1：定时/计数器 1 中断优先级设置位。PT1 = 0，设置定时/计数器 1 中断为低优先级；PT1 = 1，设置定时/计数器 1 中断为高优先级。

3）特殊功能寄存器 TCON

特殊功能寄存器 TCON 在前面已经进行了介绍，其各位含义如表 3 - 4 所示，其中涉及定时/计数器设置的位有：

TR0/TR1：定时/计数器 0 和定时/计数器 1 的开启位。如果在程序中将 TR0 或 TR1 设置为"1"，那么定时/计数器 0 或定时/计数器 1 会开始工作；如果在程序中将 TR0 或 TR1 设置为"0"，那么定时/计数器 0 或定时/计数器 1 会停止工作。

TF0/TF1：定时/计数器 0 和定时/计数器 1 的中断请求标志位。当定时/计数器 0 或定时/计数器 1 产生溢出中断时，TF0 或 TF1 会被置 1。

4）工作方式控制寄存器 TMOD

如果想使用定时/计数器的定时或计数功能，就要对工作方式寄存器 TMOD 进行设置。值得注意的是，工作方式控制寄存器不可以进行按位赋值，只能对整个寄存器进行整体赋值，即 TMOD = 0x?? 的形式。工作方式控制寄存器 TMOD 各位的含义如表 3 - 6 所示。

表 3 - 6　工作方式控制寄存器 TMOD 各位的含义

D7	D6	D5	D4	D3	D2	D1	D0
GATE	$C/\overline{T}$	M1	M0	GATE	$C/\overline{T}$	M1	M0

在工作方式控制寄存器 TOMD 中，高 4 位 D7 ~ D4 用来控制定时/计数器 T1，低 4 位 D3 ~ D0 用来控制定时/计数器 T0，其控制功能都是一样的，下面来介绍工作方式寄存器 TMOD 各位的功能。

①GATE 位：也叫门控位，是用来控制定时/计数器的启动模式的。

GATE = 0 时，只需要 TCON 寄存器中的 TRx = 1（x = 0 或 1）即可启动定时/计数器。

GATE = 1 时，除了 TCON 寄存器中的 TRx = 1 外，还需要使 $\overline{INTx}$（x = 0 或 1）引脚为高电平，才能启动定时/计数器。

②$C/\overline{T}$ 位：定时、计数功能设置位。

当 $C/\overline{T}$ = 0 时，将定时/计数器设置为定时器工作模式。

当 $C/\overline{T}$ = 1 时，将定时/计数器设置为计数器工作模式。

③M1、M0 位：定时/计数器工作方式设置位。

当 M1、M0 取不同值时，可以将定时/计数器设置成不同的工作方式，具体的对应关系如表 3 - 7 所示。

表 3 –7　工作方式寄存器 TMOD 的 M1、M0 位与定时/计数器工作方式的关系

M1	M0	工作方式	说明
0	0	方式 0	设置成 13 位定时/计数器，由 THx 的 8 位和 TLx 的低 5 位构成（x = 0 或 1），最大值 $2^{13} = 8\ 192$
0	1	方式 1	设置成 16 位定时/计数器，由 THx 的 8 位和 TLx 的 8 位构成（x = 0 或 1），最大值为 $2^{16} = 65\ 536$
1	0	方式 2	设置成自动重装载的 8 位计数器，TLx 为 8 位计数器，THx 存储自动重装载的值（x = 0 或 1），当 T1 用作串行通信的波特率发生器时，工作在此方式下
1	1	方式 3	只用于 T0，如果 T1 处于工作方式 3，那么 T1 将会被关闭。将 TH0 和 TL0 分成两个独立的 8 位定时器，TL0 占用 T0 的全部控制位，TH0 占用 T1 的部分控制位，此时 T1 用作波特率发生器

　　a. 方式 0。当 M1 = 0，M0 = 0 时，定时/计数器工作在方式 0，此时它被设置成 13 位定时/计数器，由 TH0 的 8 位和 TL0 的低 5 位构成，最大值 $2^{13} = 8\ 192$。当定时器启动后，定时或计数脉冲的个数累加到 TL0 上，从预先设置的值（初值）开始累加，不断加一，当 TL0 的 5 位加满后，向 TH0 进位，直到这 13 位全部计满溢出。当 TH0 溢出时，会将特殊功能寄存器 TCON 中的 TF0 置 1，然后向 CPU 发出中断请求，同时定时/计数器的硬件会自动地将 TH0 和 TL0 清零。如果还需要进行定时/计数操作，就需要在软件中对定时/计数器的初值进行重新赋值，并且把定时/计数器的特殊功能寄存器 TCON 中的 TF0 位清零。

　　b. 方式 1。当 M1 = 0，M0 = 1 时，定时/计数器工作在方式 1，此时它被设置成 16 位定时/计数器，由 TH0 的 8 位和 TL0 的 8 位构成，最大值 $2^{16} = 65\ 536$。其工作过程和方式 0 的工作过程完全相同。

　　c. 方式 2。方式 2 又叫作自动重装载模式。适合作为波特率发生器。有时，我们的定时/计数操作是需要多次重复定时/计数的，如果溢出时不做任何处理，那么在第二轮定时/计数时就是从 0 开始定时/计数了，而这并不是我们想要的。所以，要保证每次溢出之后再重新开始定时/计数的操作，就要把预置数（时间常数）重新装入某个地方，而重新装入预置数的操作是硬件设备自动完成的，不需要人工干预，所以这种工作模式就叫自动重装载模式。在工作模式 2 中，把自动重装载的值存放在定时/计数器的寄存器的高 8 位中，也就是存放在 TH0 中，而只留下 TL0 参与定时/计数操作。

　　d. 方式 3。方式 3 只适用于定时/计数器 T0，定时器 T1 处于方式 3 时相当于 TR1 = 0，停止计数。如果把定时/计数器 T0 设置为工作模式 3，那么 TL0 和 TH0 将被分割成两个相互独立的 8 位定时/计数器。

3. 定时/计数器的初值

　　使用定时/计数器进行定时/计数时，如果定时的时间或计数的次数小于定时/计数器的最大计数值，就要设定定时/计数器的初值。定时/计数器工作在不同的方式下，其最大的计数值为：

　　工作方式 0：$2^{13} = 8\ 192$；

工作方式 1：$2^{16}=65\ 536$；

工作方式 2：$2^8=256$；

工作方式 3：$2^8=256$。

1）计数初值

当定时/计数器处于计数器模式下，其计数初值的计算公式为：

计数初值 = 最大计数次数 − 需要计数的次数

例如想要计数器工作在方式 0，输入 1 000 个脉冲就产生溢出，那么计数器的初值应当设置成 7 192。

2）定时初值

当定时/计数器处于定时器模式下，其定时初值的计算公式为：

定时初值 = 最大定时时间 − 需要定时的时间

当 51 单片机的晶振频率是 12 MHz 时，经过内部 12 分频后得到 1 MHz 的脉冲信号，即一个脉冲信号的时间是 1 μs，那么定时器工作在不同的方式下其最大的定时时间分别为：

工作方式 0：8. 192 ms；

工作方式 1：65. 536 ms；

工作方式 2：256 μs；

工作方式 3：256 μs。

例如定时器工作在方式 1，定时 10 ms 后产生溢出，那么定时器初值的具体计算过程为：

当定时器工作在方式 1 时，其最大定时次数为 65 536 次，而产生 10 ms 的时间需要定时 10 000 次，即定时器的初值为 65 536 − 10 000 = 55 536。由于 55 536 是一个十进制数，因此想要把这个 10 进制数放入 TH0 和 TL0 中就需要把这个十进制数化为十六进制数，具体计算过程为：

$$TH0（高 8 位）= 55\ 536/2^8 = D8H；$$

$$TL0（低 8 位）= 55\ 536\%2^8 = F0H；$$

其中"/"为取商操作，"%"为取余操作。经过这两步操作，可以将 55 536 这个十进制数转换成十六进制数的高 8 位和低 8 位。即当定时器 T0 的 TH0 = D8H，TL0 = F0H 时，定时器 T0 经过 10 ms 的时间会产生溢出。

值得注意的是，由于定时器一次的最大定时时间是 65. 536 ms，如果想要定时的时间大于 65. 536 ms，就需要进行多次定时操作。例如想要 LED 灯以 1Hz 的频率进行闪烁，那么闪烁的周期就是 1 s，如果使用定时器产生这个 1s 的时间，可以进行 20 次 50 ms 的定时。

4. 51 单片机定时/计数器的工作过程

以定时/计数器 T0 为例，其工作过程如图 3 - 3 所示。

例如定时器 0 工作在方式 1，想要产生 10 ms 的定时，那么按照图 3 - 3 中的过程，应当首先设置工作方式寄存器 TMOD 中的 D1 和 D0 位为 0、1，即 TMOD = 0x01。然后再计算定时器的初值，将初值装入 T0 的两个 8 位计数器 TH0（高 8 位）和 TL0（低 8 位）。最后设定中断允许寄存器中的 EA = 1，ET0 = 1，特殊功能寄存器中的 TR0 = 1。然后只要打开单片机的电源开关，定时器就会自动开始工作，到了 10 ms 的定时时间就会产生溢出中断，从而转入中断服务函数中去执行代码。

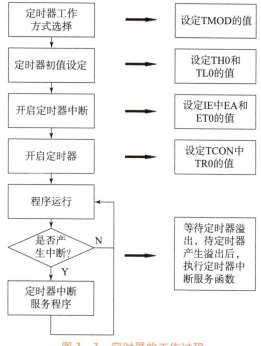

图 3－3　定时器的工作过程

1. 定时器 0 控制 LED 灯以 20 Hz 的频率进行闪烁的程序

（1）使用定时器的中断方式控制 LED 灯时，需要先对定时器 0 相关的寄存器进行配置，具体步骤如下：

定时器中断

①配置 IP 寄存器中的 PT0 位，用来设定定时器 0 的中断优先级（只有一个中断时可以不用配置）。

②配置 TMOD 寄存器，用来设定定时器 0 的工作方式。

③设定 TH0 和 TL0，用来给定时器赋初值。

④配置 IE 寄存器中的 ET0 位，允许单片机响应定时器 0 中断。

⑤配置 IE 寄存器中的 EA 位，允许单片机响应中断。

⑥设定 TCON 中的 TR0 的值，用来打开或关闭定时器。

经过上述 6 个步骤，只要打开单片机的电源开关，定时器就会自动开始工作，直到设定时间到。我们将这 6 个步骤的设置程序写在一个定时器 0 中断的初始化函数 Timer0_Init( ) 中，请写出实现代码。

（2）编写完定时器 0 中断的初始化函数后，在 main() 函数中调用即可，调用完毕后，使用一条 while(1) 循环语句定时。请写出实现代码。

```
void main()
{



}
```

（3）当定时时间到时，单片机会响应定时器 0 中断，并进入定时器 0 中断的中断服务函数中执行中断程序。请写出定时器 0 中断的中断服务函数，实现 LED 灯以 20 Hz 的频率进行闪烁。

2. 定时器 1 控制 LED 灯以 1 Hz 的频率进行闪烁的程序

仿照上面的程序，编写定时器 1 控制 LED 灯以 1Hz 的频率进行闪烁的程序。

3. 定时器实现 LED 流水灯的程序，每个 LED 交替的频率为 1 Hz

项目4　显示系统的设计与实现

　数码管显示系统的设计与实现

1. 熟悉 LED 数码管的基本知识，掌握共阴极数码管的显示字符与段码的关系。
2. 熟悉4位 LED 数码管的内部结构，掌握4位 LED 数码管动态显示字符的原理。
3. 掌握 74HC573 锁存器的引脚构成、工作原理和在数码管显示系统中的作用。
4. 学会单片机驱动1位 LED 数码管显示字符的方法。
5. 学会单片机驱动4位 LED 数码管动态显示字符的方法。
6. 学会嵌入式模块化程序设计的方法。

 技能目标

1. 根据数码管显示系统的电路图编写程序，实现1位 LED 数码管显示字符"3"。
2. 根据数码管显示系统的电路图编写程序，实现1位 LED 数码管显示字符 0 ~ F。
3. 根据数码管显示系统的电路图编写程序，实现4位 LED 数码管显示学号的后四位。
4. 编写数码管显示系统的 .c 和 .h 文件。

 素养目标

培养机电工程师规范编程的职业素养。

 任务描述

　　LED 数码管是一种显示设备，常用于仪表、时钟、车站及家电等设备中，用于显示时间、温度、湿度等信息。本任务利用单片机设计数码管显示系统，实现显示功能。

相关知识

1. LED 数码管

　　LED 数码管（LED Segment Displays）是将多个发光二极管做成"段"状，然后封装在一起组成的"8"字形器件，该器件可以通过让不同的"段"发光来显示不同的字符。通常

的 LED 数码管在内部已经将电路连接完毕，只需要通过单片机的 I/O 口来驱动数码管的各个"段"点亮还是熄灭即可让数码管显示想要的字符。LED 数码管的实物如图 4 - 1 （a）所示，引脚如图 4 - 1 （b）所示。

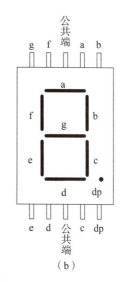

（a）   （b）

图 4 - 1   LED 数码管

（a）LED 数码管实物；（b）LED 数码管引脚

　　LED 数码管的内部共有 8 段数码管，每段数码管共有 2 个引脚，因此一位 LED 数码管共有 16 个引脚。为了减少引脚的数量，通常在数码管内部将 8 段数码管的正极或负极连接成一个公共端。根据数码管的公共端的极性，可以将数码管分为共阳极数码管（公共端是正极）和共阴极数码管（公共端是负极），图 4 - 2 所示的就是数码管的内部连接方式。

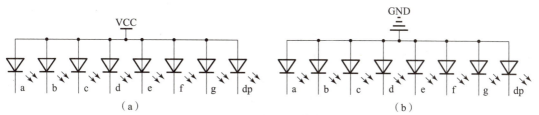

（a）   （b）

图 4 - 2   数码管内部连接方式

（a）共阳极；（b）共阴极

2. LED 数码管的段码

　　共阳极数码管想点亮某一段，只需要将该段数码管的另一端（字母端）加上低电平即可；共阴极数码管想点亮某一段，只需要将该段数码管的另一端（字母端）加上高电平即可。如果要显示数字"2"，对于共阴极数码管，则需要点亮 a、b、g、e、d 五段数码管，熄灭 c、f、dp 三段数码管，即在 a、b、g、e、d 上加上高电平，在 c、f、dp 上面加上低电平。

　　1 位 LED 数码管可以显示 0~9、A~F 和"."共 17 个字符，对于共阴极数码管，各段电平与所显示的字符关系如表 4-1 所示。

表4-1　共阴极数码管各段电平与显示字符关系

字符	单片机输出的电平值								段码
	dp	g	f	e	d	c	b	a	
0	0	0	1	1	1	1	1	1	3FH
1	0	0	0	0	0	1	1	0	06H
2	0	1	0	1	1	0	1	1	5BH
3	0	1	0	0	1	1	1	1	4FH
4	0	1	1	0	0	1	1	0	66H
5	0	1	1	0	1	1	0	1	6DH
6	0	1	1	1	1	1	0	1	7DH
7	0	0	0	0	0	1	1	1	07H
8	0	1	1	1	1	1	1	1	7FH
9	0	1	1	0	1	1	1	1	6FH
A	0	1	1	1	0	1	1	1	77H
B	0	1	1	1	1	0	0	0	7CH
C	0	0	1	1	1	0	0	1	39H
D	0	1	0	1	1	1	1	0	5EH
E	0	1	1	1	1	0	0	1	79H
F	0	1	1	1	0	0	0	1	71H
.	1	0	0	0	0	0	0	0	80H

3. 4 位 LED 数码管

4 位 LED 数码管是由 4 个 1 位 LED 数码管拼接构成的, 这 4 个 1 位 LED 数码管是完全相同的。其外形和内部结构如图 4-3 所示。

在图 4-3 (b) 中, 4 位数码管共有 12 个引脚, 其中 12、9、8、6 引脚是各个数码管的公共引脚, 也称为位选引脚; 11、7、4、2、1、10、5、3 引脚将各个数码管的 "段" 同时连接, 称为段选引脚。其中位选引脚是用来控制这 4 位数码管哪一位可以点亮, 而段选引脚则是控制这一位可以点亮的数码管的哪些段可以点亮。当位选引脚为高电平时, 数码管的任何一段都不会被点亮; 当位选引脚为低电平时, 数码管显示的字符取决于哪些段被点亮。

4. 4 位 LED 数码管同时显示的原理——动态扫描

在使用 1 位数码管显示字符时, 用到了 8 个单片机引脚。如果想让 4 位数码管同时显示, 则需要 32 个单片机引脚, 这就占用了 51 单片机的所有 I/O 口。为了解决这个问题, 在显示 4 位数码管时, 不再使用静态显示, 而是采用动态扫描的方式。数码管的动态扫描是按照位置的顺序, 以一定的时间间隔轮流使得每一位数码管点亮一定的时间。即在一个时刻, 只有一位数码管点亮, 此时该位数码管的 "位选" 引脚有效。下一时刻按照顺序, 点亮下一个数码管, 循环往复下去。具体原理如下。

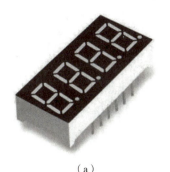

（a）

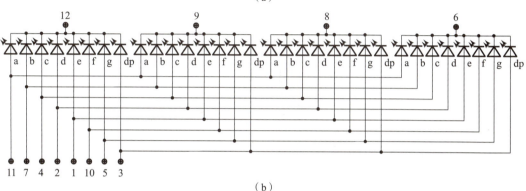

（b）

图4-3　4位数码管外形和内部结构

（a）4位数码管外形；（b）4位数码管内部结构

首先给第一个数码管的位选引脚一个低电平（其余3个数码管的位选引脚为高电平），再将需要显示的字符的段码赋值给第一个数码管的段选引脚，之后延时一段时间，此时第一个数码管会显示一个字符；然后再给第二个数码管的位选引脚一个低电平（其余3个数码管的位选引脚为高电平），再将需要显示的字符的段码赋值给第二个数码管的段选引脚，之后延时一段时间，此时第二个数码管会显示一个字符。根据同样的方法，将后面两个数码管的字符依次显示出来。

虽然这种显示方法不能保证在同一时间，所有的数码管同时亮起，但是由于人眼有视觉暂留效应（人眼在观察景物时，光信号传入大脑神经，需经过一段短暂的时间，光的作用结束后，视觉形象并不立即消失，而会在大脑中残留大约0.1 s的时间），因此如果动态扫描的速度足够快，我们就会认为在显示后一个字符时，前一个字符还在显示当中，因此看起来好像4个数码管同时点亮一样。具体的显示过程如图4-4所示。

在图4-4所示的显示过程中，我们看到的4个数码管显示字符"1234"其实不是在同一时间同时显示的，而是4位数码管按照时间的顺序依次显示。在第4个数码管显示完毕后，又回到第1个数码管处循环往复显示下去。如果要保证人眼能够同时看到这4个字符，就要在第4个字符显示时，人眼中还留有第1个字符的影像，即每两个字符之间的延时时间要小于$\frac{1}{4} \times 0.1$ s $= 0.025$ s $= 25$ ms。

5. 数码管显示系统的电路

数码管显示系统的电路如图4-5所示。

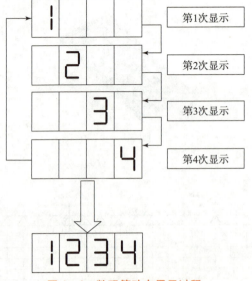

图 4 - 4 数码管动态显示过程

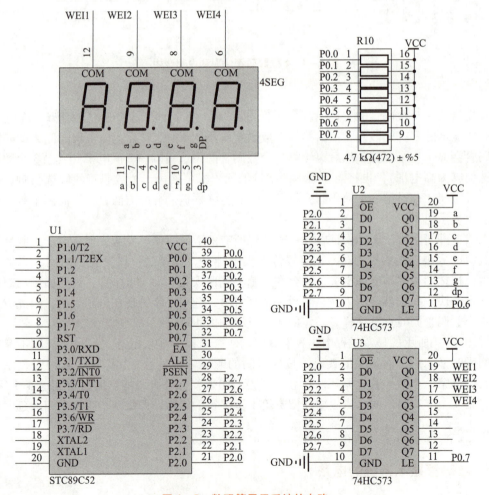

图 4 - 5 数码管显示系统的电路

根据数码管动态显示的原理可知，单片机想要控制 4 位 LED 共阴极数码管动态显示 4 个字符，就需要按照顺序依次选中 LED 数码管的位选引脚，这就需要使用到 74HC573 锁存器。

74HC573 是一款拥有 8 路输出功能的透明锁存器，输出为三态门。它具有 8 个数据输入端、8 个数据输出端和 3 个控制端。其引脚如图 4-6 所示。

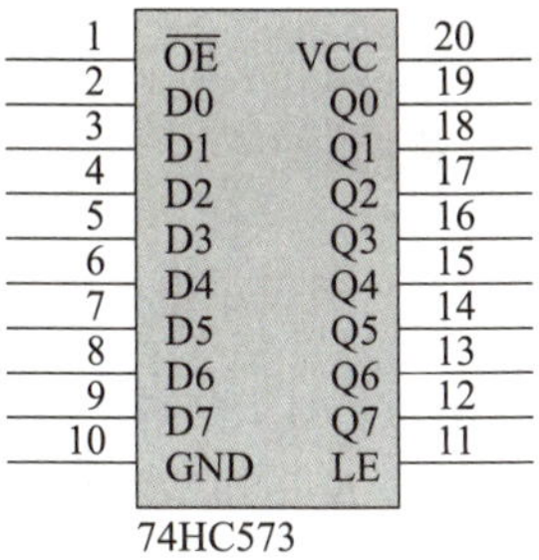

图 4-6 74HC573 引脚

1 脚（$\overline{OE}$）为输出使能端，11 脚（LE）为锁存使能端，2~9 脚（D0~D7）为数据输入端，19~12 脚（Q0~Q7）为数据输出端。当 1 脚（$\overline{OE}$）为高电平时，输出为高阻态，即锁存器不能正常工作；当 1 脚（$\overline{OE}$）为低电平、11 脚（LE）为高电平时，数据输出端将随数据输入端的变化而变化；当 1 脚（$\overline{OE}$）为低电平、11 脚（LE）为低电平时，此时锁存器处于锁存模式，数据输出端保持上一刻的数值不变，不会随数据输入端的变化而变化。

根据 74HC573 的工作原理和图 4-5 所示的数码管显示系统电路图可以得到单片机驱动数码管显示字符的过程：先使能 U3—74HC573，选中需要显示字符的数码管（位选），然后使能 U2—74HC573，确定该位显示的字符。

6. .c 文件和 .h 文件的编写

为了实现模块化程序设计，需要将各个模块的代码放在不同的 .c 文件里，在 .h 文件里提供外部可调用函数声明，其他 .c 文件想使用其中的代码时，只需要 #include"xxx.h" 文件即可。使用模块化编程可极大地提高代码的可阅读性、可维护性、可移植性等。

C 和 H 文件的编写

1）.c 文件的编写

在 .c 文件中，要包含与之相对应的 .h 文件、对变量的初始化、功能性函数的编写。在编写功能性函数时所用到的变量定义尽量放到 .h 文件中去，在编写好功能性函数后，要将这些函数放到 .h 文件中进行声明以便在其他文件中进行调用。

2）.h 文件的编写

在头文件中，首先要用条件编译语句 #ifndef…#define…##endif 对 .h 文件进行条件编译。

```
1.#ifndef _SMG_H
2.#define _SMG_H
3.#include "reg52.h"
4.
5.//在此进行变量定义及对 .c 文件的功能函数进行声明
6.
7.#endif
```

其中 #ifndef 的意思是 if not define，即如果这个头文件没有被定义，那么就执行 #define（定义）这个头文件，然后在 #define 和 #endif 之间进行其他头文件的包含、变量的定义及函数的声明。条件编译的作用就是防止编译器出现"该头文件被重复引用"的错误。如果在执行程序时，该头文件已经被引用过，那么根据条件编译语句，则不会被重新定义，也就不会被重复引用。在进行条件编译时，#ifndef 和 #define 后面要添加头文件的名称，具体的格式为：_头文件名_H，如_SMG_H。

任务实施

1. 1 位 LED 数码管显示字符 "3" 的程序

根据图 4-5 所示电路原理图实现 LED 数码管显示字符 "3"，步骤如下：

（1）单片机 P2.0、P0.7 引脚输出低电平，使能 U3—74HC573 并使 Q0（WEI1）输出低电平。

（2）单片机 P0.7 引脚输出高电平，锁存输出 D0（WEI1），此时 U3—74HC573 的输出 D0（WEI1）不再随输入的变化而变化，选中最左侧的数码管。

（3）单片机 P2 口输出 "3" 的段码，同时 P0.6 引脚输出低电平，使能 U2—74HC573 并使 Q0 ~ Q7（a ~ dp）输出 "3" 的段码。

（4）单片机 P0.6 口输出高电平，锁存输出 Q0 ~ Q7（a ~ dp），此时 U2—74HC573 的输出 Q0 ~ Q7（a ~ dp）不再随输入的变化而变化，持续显示字符 "3"。

经过上述 4 个步骤，最左侧的数码管就会显示字符 "3"，请写出实现代码。

2. 1 位数码管循环显示字符 "0 ~ F" 的程序

循环显示字符 "0 ~ F" 时，只需要循环输送 "0 ~ F" 的段码即可，请写出实现代码。

3. 4位数码管动态显示学号后四位的程序

根据图4-4的显示过程与图4-5的电路原理图来显示学号后四位的步骤如下：

单片机P2.0（P2.1、P2.2、P2.3）、P0.7引脚输出低电平，单片机P0.7引脚输出高电平，选中WEI1（WEI2、WEI3、WEI4）对应的数码管；单片机P2输送段码，P0.6引脚输出低电平，P0.6引脚输出高电平，WEI1（WEI2、WEI3、WEI4）对应的数码管显示一个字符。最后再进行一步消影操作：P2口输出低电平熄灭所有LED数码管。请写出实现代码。

4. 数码管显示系统的模块化编程

为了实现嵌入式模块化编程，我们需要将数码管的显示程序单独编写成一个.c文件和.h文件。

请写出smg.h文件的代码。

请写出 smg. c 文件的代码。

倒计时器的设计

在篮球比赛中，进攻方需要 8 s 内过半场，24 s 内完成进攻，利用定时器和数码管显示系统，采用模块化的编程思想，制作 8 s 和 24 s 的定时器。

任务 4 – 2　电压采集系统的实现

1. 掌握 ADC0809 芯片的引脚构成、时序图和工作流程。
2. 掌握 51 单片机驱动 ADC0809 实现电压采集的电路。

技能目标

根据电压采集系统的电路图编写程序，实现将采集的电压值显示在数码管上。

素养目标

培养学生积极探索的工作态度和理论联系实际、探索创新的良好习惯。

模拟信号的幅值一般都随时间的变化而连续变化，称为模拟量，例如电压、温度、光照强度等。而单片机中的运算都是使用数字量来完成的，这就需要一个将模拟量转换成数字量的过程。本任务利用 51 单片机和 ADC0809 芯片设计电压采集系统，实现数码管采集显示的电压。

相关知识

1. ADC0809 简介

ADC0809 是采用 COMS 工艺制造的双列直插式单片 8 位 A/D 转换器，分辨率为 8 位，精度为 7 位，带 8 个模拟量输入通道，有通道地址译码锁存器，输出带三态数据锁存器。ADC0809 内部没有时钟电路，故时钟需由外部输入，允许范围为 10 ~ 1 280 kHz，典型值为 640 kHz。每通道的转换时间大约为 100 μs，工作温度范围为 – 40 ~ 85 ℃，输入电压范围为 0 ~ 5 V，单一 + 5 V 电源供电。图 4 – 7 所示就是 ADC0809 的引脚。

26 ~ 28、1 ~ 5 脚（IN0 ~ IN7）：8 路模拟量输入端。

17、14、15、8、18 ~ 21 脚（D0 ~ D7）：8 路数字量输出端。

```
 1  ┌─────────────┐ 28
────┤ IN3      IN2 ├────
 2  │             │ 27
────┤ IN4      IN1 ├────
 3  │             │ 26
────┤ IN5      IN0 ├────
 4  │             │ 25
────┤ IN6     ADDA ├────
 5  │             │ 24
────┤ IN7     ADDB ├────
 6  │             │ 24
────┤ START   ADDC ├────
 7  │             │ 22
────┤ EOC      ALE ├────
 8  │             │ 21
────┤ D3        D7 ├────
 9  │             │ 20
────┤ OE        D6 ├────
10  │             │ 19
────┤ CLOCK     D5 ├────
11  │             │ 18
────┤ VCC       D4 ├────
12  │             │ 17
────┤ Vref+     D0 ├────
13  │             │ 16
────┤ GND    Vref– ├────
14  │             │ 15
────┤ D1        D2 ├────
    └─────────────┘
        ADC0809
```

图 4 – 7　ADC0809 引脚

22 脚（ALE）：地址锁存允许信号，高电平有效。

6 脚（START）：A/D 转换启动信号，高电平有效。

7 脚（EOC）：A/D 转换结束信号。当启动 A/D 转换时，该引脚为低电平；当 A/D 转换结束时，该引脚为高电平。

9 脚（OE）：数据输出允许信号，高电平有效。当转换结束后（EOC 为高电平），如果此引脚为高电平，则数据从 D0～D7 输出。

10 脚（CLOCK）：时钟脉冲输入端，要求时钟频率不高于 640 kHz。

12、16 脚（Vref－、Vref＋）：基准电压输入端。

VCC：＋5 V 电源。

GND：接地。

ADDA、ADDB、ADDC：3 位地址输入线，用于选择 8 路模拟量通道中的一路，具体的选择情况如表 4－2 所示。

表 4－2　ADC0809 模拟量通道选择

模拟量输入通道	地址线		
	C	B	A
IN0	0	0	0
IN1	0	0	1
IN2	0	1	0
IN3	0	1	1
IN4	1	0	0
IN5	1	0	1
IN6	1	1	0
IN7	1	1	1

2. ADC0809 工作流程

ADC0809 的时序图如图 4－8 所示。

AD 转换

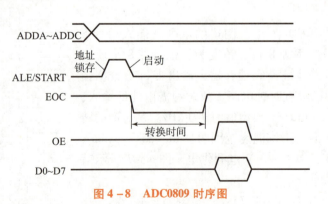

图 4－8　ADC0809 时序图

根据时序图，可以分析出 ADC0809 的工作流程：

（1）通过 ADDA、ADDB、ADDC 输入三位地址，选择模拟量输入通道。

（2）START 引脚先置高，经过 100~200 ns 后拉低，开始 A/D 转换，此时 EOC 引脚被拉低。

（3）当转换结束后（转换时间 90~116 μs），EOC 引脚被拉高。

（4）此时将 OE 引脚置高，即可从输出端 D0~D7 读出转换数据。

（5）数据读出完毕后，将 OE 引脚拉低，为下一次 A/D 转换做准备。

当 A/D 转换结束后，D0~D7 输出的数据为二进制数据（00~FF），因此需要将此二进制数据转换为对应的被测量的值。假设被测量为 0~5 V 的直流电压，基准电压为 5 V，那么被测量的值与基准电压的关系为：

$$\frac{基准电压（5\ V）}{被测电压} = \frac{255}{D0 \sim D7\ 输出的二进制数据对应的十进制数}$$

因此有：

$$被测电压 = \frac{5}{255} \times D0 \sim D7\ 输出的二进制数据对应的十进制数$$

$$= \frac{D0 \sim D7\ 输出的二进制数据对应的十进制数}{51}\ (V)$$

假设通过单片机的 I/O 口读出的二进制数据为（10011001），那么与之对应的十进制数为 153，被测电压为 153/51 = 3（V）。

3. 51 单片机驱动 ADC0809 实现电压采集的电路

根据图 4-9 所示电路中 51 单片机与 ADC0809 的连接关系就可以进行编程，从而获取 IN0 处待测的电压值。

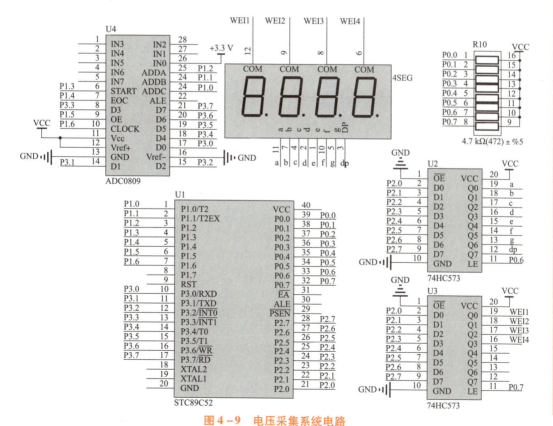

图 4-9 电压采集系统电路

ADC0809 测量一路待测电压的程序

根据图 4-9 与 ADC0809 的工作流程编写程序，在数码管上显示 IN0 处的待测电压，步骤如下：

（1）编写数码管显示系统的 c 文件和 h 文件（参见任务 4-1）。

（2）编写 A/D 转换的 c 文件和 h 文件。

（3）在 main. c 文件中调用 A/D 转换函数。

（4）将 A/D 转换后得到的数字量转化为电压值。

（5）在 main. c 文件中调用数码管显示函数，将电压值显示出来。

请写出实现代码。

ad. h 的代码：

ad. c 的代码：

main. c 的代码：

ADC0809 测量两路被测电压的程序

在 IN0 处施加 3.3 V 的电压，IN1 处施加 5 V 的电压，编写程序使数码管循环显示 IN0、IN1 处的被测电压值。

逐次逼近式 A/D 转换原理

逐次逼近式 A/D 转换的数字量由"逐次逼近寄存器 SAR"产生。SAR 使用"对分搜索法"产生数字量，以 8 位数字量为例，SAR 首先产生 8 位数字量的一半，即 10000000B，将其转化成十进制后与量化电平 V_{ref} =（基准电压/2^8）相乘，得到 V_o，并与模拟量 V_i 进行比较，若 $V_o > V_i$，清除最高位；若 $V_o < V_i$，保留最高位。在最高位（bit7 位）确定后，SAR 又以对分搜索法确定次高位，即以低 7 位的一半 a1000000B（a 为已确定位），将其转化成十进制后与量化电平（基准电压/2^8）相乘，又得到 V_o，继续与模拟量 V_i 进行比较，若 $V_o > V_i$，清除次高位；若 $V_o < V_i$，保留次高位。在次高位（bit6 位）确定后，SAR 以对分搜索法确定 bit5 位，重复这一过程，直到最低位 bit0 被确定，转换结束。

例如，以基准电压为 5.12 V 的 8 位逐次逼近式 A/D 转换器转换 3.74 V 的模拟电压的过程如下：

（1）首先计算量化电平 $V_{ref} = \dfrac{5.12 \text{ V}}{2^8} = 0.02$ V。

（2）确定最高位（bit7 位）：10000000B 转化成十进制是 128，此时 $V_o = 128 \times 0.02$ V = 2.56 V < $V_i = 3.74$ V，此位保留。

（3）确定 bit6 位：11000000B 转化成十进制是 192，此时 $V_o = 192 \times 0.02$ V $= 3.84$ V $> V_i = 3.74$ V，此位舍弃。

（4）确定 bit5 位：10100000B 转化成十进制是 160，此时 $V_o = 160 \times 0.02$ V $= 3.2$ V $< V_i = 3.74$ V，此位保留。

（5）确定 bit4 位：10110000B 转化成十进制是 176，此时 $V_o = 176 \times 0.02$ V $= 3.52$ V $< V_i = 3.74$ V，此位保留。

（6）确定 bit3 位：10111000B 转化成十进制是 184，此时 $V_o = 184 \times 0.02$ V $= 3.68$ V $< V_i = 3.74$ V，此位保留。

（7）确定 bit2 位：10111100B 转化成十进制是 188，此时 $V_o = 188 \times 0.02$ V $= 3.76$ V $> V_i = 3.74$ V，此位舍弃。

（8）确定 bit1 位：10111010B 转化成十进制是 186，此时 $V_o = 186 \times 0.02$ V $= 3.72$ V $< V_i = 3.74$ V，此位保留。

（9）确定 bit0 位：10111011B 转化成十进制是 187，此时 $V_o = 187 \times 0.02$ V $= 3.74$ V $= V_i$，此位保留。

因此，以基准电压为 5.12 V 的 8 位逐次逼近式 A/D 转换器转换 3.74 V 的模拟电压的结果为 10111011B。

任务 4-3　LCD 显示系统的设计与实现

知识目标

1. 熟悉 LCD1602 显示屏的基本知识，了解 LCD1602 显示屏显示字符的原理。
2. 学会 LCD1602 的指令集，掌握 LCD1602 的时序图。
3. 会使用 51 单片机驱动 LCD1602 显示屏显示字符。

技能目标

1. 根据单片机驱动 LCD1602 显示字符的硬件电路图编写程序，实现 LCD1602 显示屏显示字符"A"。
2. 根据单片机驱动 LCD1602 显示字符的硬件电路图编写程序，实现 LCD1602 显示屏显示字符串"Hello World!"。

素养目标

培养学生举一反三的工作能力、严谨细致的工作作风和机电工程师规范编程的职业素养。

任务描述

LCD1602 液晶显示屏作为许多电子产品的通用器件，常见于计算器、万用表、电子表中，显示的主要是数字、专用符号和图形等。相比于数码管显示，LCD1602 显示屏显示的字符更加逼真。本任务就使用单片机驱动 LCD1602 显示屏，使之显示我们想要的字符。

相关知识

1. LCD1602 液晶显示屏

LCD1602 液晶显示屏是一种字符型液晶显示模块，一共可以显示 2 行，每行 16 个字符，是由字符型液晶显示屏、驱动电路及少量电容、电阻等外围器件组成的。为了使用方便，常见的 LCD1602 液晶显示器已经将上述部分统一印刷在一块电路板上，其外形如图 4 - 10 所示。

 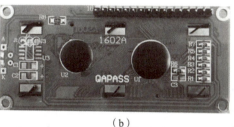

（a）   （b）

图 4 - 10　LCD1602 实物

（a）正面；（b）背面

常见的 LCD1602 模块有 16 个引脚（不带背光的模块有 14 个引脚），其原理如图 4 - 11 所示，各引脚的功能说明如下：

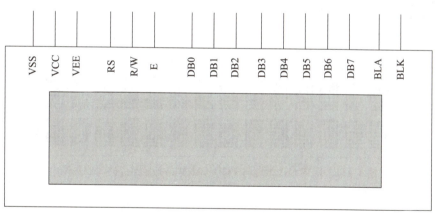

图 4 - 11　LCD1602 引脚

（1）VSS：电源地线。

（2）VCC：电源电压（ +5V）。

（3）VEE：对比调整电压，通过电阻器接地，实现对比度的调整。

（4）RS：数据/命令选择端。RS = 0 时，输入的是指令；RS = 1 时，输入的是数据。

（5）R/W：读/写选择端。R/W = 0 时，向 LCD 写入指令或数据；R/W = 1 时，从 LCD 读取信息。

（6）E：使能信号。E = 1 时，读取信息；E 由 1（高电平）变为 0（低电平）时（下降沿），执行指令。

（7）DB0 ~ DB7：DB0（最低位）到 DB7（最高位）是数据总线，可以传送数据、地址、指令和状态信息等数据。

（8）BLA：背光电源正极。

（9）BLK：背光电源负极。

2. 字模

我们使用的 LCD1602 模块是基于 HD44780 液晶芯片的，在 HD44780 内部内置了 DDRAM、CGROM 和 CGRAM。DDRAM 就是显示数据 RAM，用来寄存待显示的字符代码，简称字模，共 80 个字节，其地址如表 4 – 3 所示。

表 4 – 3　DDRAM 地址

	显示位置	1	2	3	4	5	6	7	…	40
DDRAM 地址	第一行	00H	01H	02H	03H	04H	05H	06H	…	27H
	第二行	40H	41H	42H	43H	44H	45H	46H	…	47H

由于 LCD1602 每行只能显示 16 个字符，因此在 LCD1602 中每行只使用前 16 个地址就行了，即第一行的地址范围为 00H ~ 0FH，第二行的地址范围为 40H ~ 4FH。具体的 DDRAM 地址与 LCD1602 屏幕的显示位置如图 4 – 12 所示。

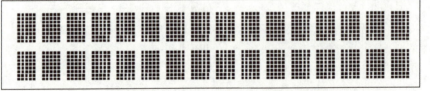

图 4 – 12　DDRAM 地址与 LCD1602 屏幕各显示位的对应关系

当选中 DDRAM 中的某个地址并向该地址单元输送字符数据时，就会显示出与之相对应的字符。在 LCD1602 屏幕上，每个显示位都由 5 × 8 个点组成，当某个点的数据为 1 时，该位显示；当某个点的数据为 0 时，该位不显示。如果我们想在第一行第三个位置显示字符"A"，只需要把字符"A"的字模写入地址 02H 就行了。

文本文件中每个字符都是用一个字节的代码记录的，一个汉字是用两个字节的代码记录。在电脑上只要打开文本文件就能在屏幕上看到对应的字符是因为在操作系统里和 BIOS 里都固化有字符字模。例如字符"A"的数据及字模如图 4 – 13 所示。

在图 4 – 13 中，左边的图就是字符"A"的字符数据，右边的图就是将左边图中的 0 用"○"代替，1 用"▪"代替得到的字模图。在电脑的文本文件中，字符"A"的代码是 41H，

当电脑收到 41H 的代码后就去字模文件中寻找代表字符
"A" 这一组数据并送到显卡中去点亮对应的点，我们就
可以在电脑屏幕上看到 "A" 了。

    那么在单片机中如何找到字符 "A" 的字模呢？
LCD1602 模块上也固化了字模存储器，这就是 CGROM
和 CGRAM。HD44780 内置了 192 个常用字符的字模，存
于字符产生器 CGROM（Character Generator ROM）中，
另外还有 8 个允许用户自定义的字符产生 RAM，称为
CGRAM（Character Generator RAM）。图 4 – 14 说明了 CGROM 和 CGRAM 与字符的对应
关系。

    在图 4 – 14 中可以看到，字符 "A" 所对应的高 4 位代码是 0100，低 4 位代码是 0001，
合起来就是 01000001，即 41H。当我们想要在 LCD1602 屏幕上显示 "A" 时，驱动电路首
先会从 CGROM 中找到字符 "A" 对应的字符数据，送到 DDRAM 的对应地址中去，从而在
LCD1602 屏幕中显示字符 "A"。

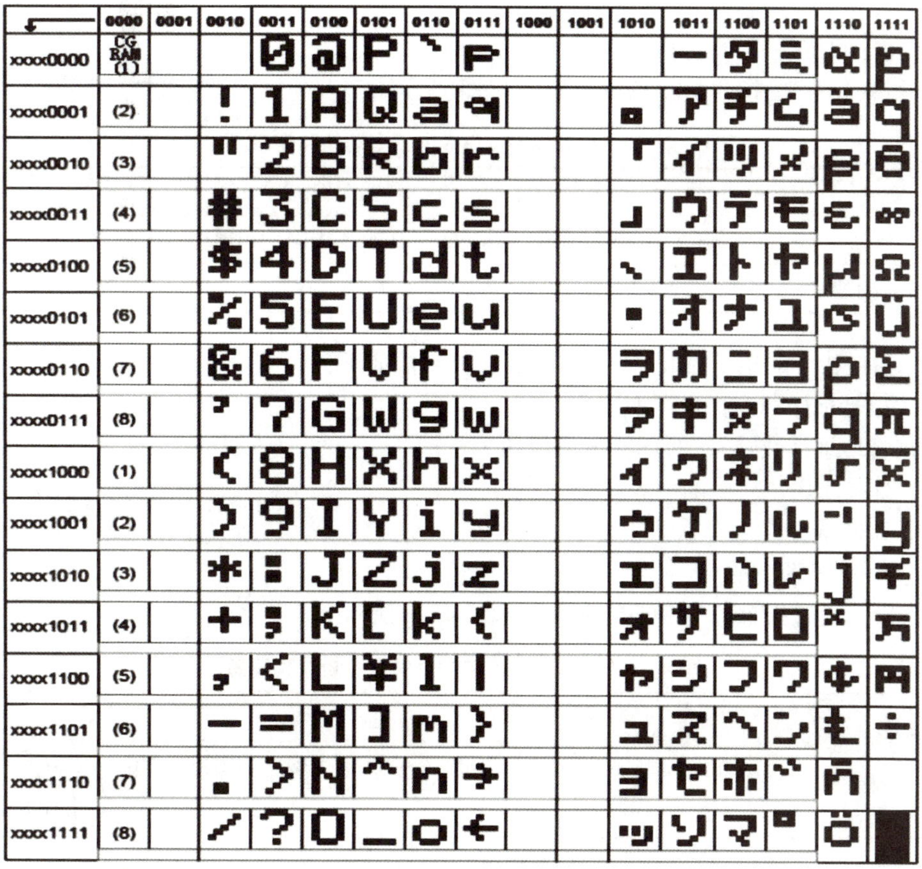

01110	○■■■○
10001	■○○○■
10001	■○○○■
10001	■○○○■
11111	■■■■■
10001	■○○○■
10001	■○○○■

图 4 – 13　字符 "A" 的数据及字模

图 4 – 14　CGROM 中字符码与字符的对应关系

3. LCD1602 指令集

如果想对 LCD1602 模块进行显示操作，就必须掌握 LCD1602 指令集，只有通过对 LCD1602 发送对应的指令才能对其进行各种操作。LCD1602 共有 11 条指令：

1）清屏指令

清屏指令的指令功能和编码如表 4-4 所示。

表 4-4　清屏指令的指令功能和编码

指令功能	指令编码								
	RS	R/W	DB7	DB6	DB5	DB4	DB3	DB2	DB1	DB0
清屏	0	0	0	0	0	0	0	0	0	1

清屏指令的执行时间为 1.64 ms，具体功能如下：

（1）清除液晶显示器，即将 DDRAM 的内容全部填入"空白"的 ASCII 码 20H。

（2）光标归位，即将光标撤回液晶显示屏的左上方。

（3）将地址计数器（AC）的值设为 0。

2）光标归位指令

光标归位指令的指令功能和编码如表 4-5 所示。

表 4-5　光标归位指令的指令功能和编码

指令功能	指令编码								
	RS	R/W	DB7	DB6	DB5	DB4	DB3	DB2	DB1	DB0
光标归位	0	0	0	0	0	0	0	0	1	X

光标归位指令的执行时间为 1.64 ms，具体功能如下：

（1）把光标撤回到显示器左上方。

（2）将地址计数器（AC）的值设为 0。

（3）保持 DDRAM 中的内容不变。

其中 DB0 为任意值，默认设置成 0。

3）进入模式设置指令

进入模式设置指令的指令功能和编码如表 4-6 所示。

表 4-6　进入模式设置指令的指令功能和编码

指令功能	指令编码								
	RS	R/W	DB7	DB6	DB5	DB4	DB3	DB2	DB1	DB0
进入模式设置	0	0	0	0	0	0	0	1	I/D	S

进入模式设置指令的执行时间为 40 μs，具体功能为：设定每次输入 1 位数据后光标的移位方向，并且设定每次写入的一个字符是否移动。具体的参数设定如表 4-7 所示。

表 4 - 7　进入模式设置指令参数设定

	0	1
I/D	写入新数据后光标左移	写入新数据后光标右移
S	写入新数据后显示屏不移动	写入新数据后显示屏整体移动 1 个字符，方向由 I/D 位决定

4）显示开关控制指令

显示开关控制指令的指令功能和编码如表 4 - 8 所示。

表 4 - 8　显示开关控制指令的指令功能和编码

指令功能	指令编码								
	RS	R/W	DB7	DB6	DB5	DB4	DB3	DB2	DB1	DB0
显示开关控制	0	0	0	0	0	0	1	D	C	B

显示开关控制指令的执行时间为 40 μs，具体功能为：控制显示器开/关、光标显示/关闭以及光标是否闪烁。具体的参数设定如表 4 - 9 所示。

表 4 - 9　显示开关控制指令参数设定

	0	1
D	显示功能关	显示功能开
C	无光标	有光标
B	光标闪烁	光标不闪烁

5）设定显示屏或光标移动方向指令

设定显示屏或光标移动方向指令的指令功能和编码如表 4 - 10 所示。

表 4 - 10　设定显示屏或光标移动方向指令的指令功能和编码

指令功能	指令编码								
	RS	R/W	DB7	DB6	DB5	DB4	DB3	DB2	DB1	DB0
设定显示屏或光标移动方向	0	0	0	0	0	1	S/C	R/L	X	X

设定显示屏或光标移动方向指令的执行时间为 40 μs，具体功能为：使光标移位或使整个显示屏幕移位。具体的参数设定如表 4 - 11 所示。

表 4 - 11　设定显示屏或光标移动方向指令参数设定

S/C	R/L	设定情况
0	0	光标左移 1 格，且 AC 值减 1
0	1	光标右移 1 格，且 AC 值加 1
1	0	显示器上字符全部左移一格，但光标不动
1	1	显示器上字符全部右移一格，但光标不动

其中 DB0、DB1 为任意值，默认设置成 0。

6）功能设定指令

功能设定指令的指令功能和编码如表 4 – 12 所示。

表 4 – 12　功能设定指令的指令功能和编码

指令功能	指令编码								
	RS	R/W	DB7	DB6	DB5	DB4	DB3	DB2	DB1	DB0
功能设定	0	0	0	0	1	DL	N	F	X	X

功能设定指令的执行时间为 40 μs，具体功能为：设定数据总线位数、显示的行数及字型。具体的参数设定如表 4 – 13 所示。

表 4 – 13　功能设定指令参数设定

	0	1
DL	数据总线为 4 位	数据总线为 8 位
N	显示 1 行	显示 2 行
F	5×7 点阵/字符	5×10 点阵/字符

其中 DB0、DB1 为任意值，默认设置成 0。

7）设定 CGRAM 地址指令

设定 CGRAM 指令的指令功能和编码如表 4 – 14 所示。

表 4 – 14　设定 CGRAM 指令的指令功能和编码

指令功能	指令编码								
	RS	R/W	DB7	DB6	DB5	DB4	DB3	DB2	DB1	DB0
设定 CGRAM 地址	0	0	0	1	CGRAM 的地址（6 位）					

设定 CGRAM 地址指令的执行时间为 40 μs，具体功能为：设定下一个要存入数据的 CGRAM 的地址。

8）设定 DDRAM 地址指令

设定 DDRAM 指令的指令功能和编码如表 4 – 15 所示。

表 4 – 15　设定 DDRAM 指令的指令功能和编码

指令功能	指令编码								
	RS	R/W	DB7	DB6	DB5	DB4	DB3	DB2	DB1	DB0
设定 DDRAM 地址	0	0	1	DDRAM 的地址（7 位）						

设定 DDRAM 地址指令的执行时间为 40 μs，具体功能为：设定下一个要存入数据的 DDRAM 的地址。

在一行显示模式下，DDRAM 的地址范围为 00H ~ 4FH；在两行显示模式下，第一行的地址为 00H ~ 27H（1602 只用到了前 16 位，即 00H ~ 0FH），第二行的地址为 40H ~ 67H

（1602 只用到了前 16 位，即 40H ~ 4FH）。如果将 DB7 位和 DDRAM 的地址组合成一个 8 位 LCD1602 的显示地址，在两行显示模式下，第一行的地址范围为 80H ~ 8FH，第二行 C0H ~ CFH。

9）读取忙信号或 AC 地址指令

读取忙信号或 AC 地址指令的指令功能和编码如表 4 - 16 所示。

表 4 - 16　读取忙信号或 AC 地址指令的指令功能和编码

指令功能	指令编码								
	RS	R/W	DB7	DB6	DB5	DB4	DB3	DB2	DB1	DB0
读取忙信号或 AC 地址指令	0	1	BF	AC 内容（7 位）					

读取忙信号或 AC 地址指令的执行时间为 40 μs，具体功能为：

（1）读取忙碌信号 BF 的内容，BF =1 表示液晶显示器忙，暂时无法接收单片机送来的数据或指令；当 BF =0 时，液晶显示器可以接收单片机送来的数据或指令。

（2）读取地址计数器 AC 中的内容。

10）数据写入 DDRAM 或 CGRAM 指令

数据写入 DDRAM 或 CGRAM 指令的指令功能和编码如表 4 - 17 所示。

表 4 - 17　数据写入 DDRAM 或 CGRAM 指令的指令功能和编码

指令功能	指令编码								
	RS	R/W	DB7	DB6	DB5	DB4	DB3	DB2	DB1	DB0
读取忙信号或 AC 地址指令	1	0	要写入的数据 DB7 ~ DB0						

数据写入 DDRAM 或 CGRAM 指令的执行时间为 40 μs，具体功能为：

（1）将字符码写入 DDRAM，以使液晶显示屏显示出相应的字符。

（2）将使用者自己设计的图形存入 CGRAM。

11）从 DDRAM 或 CGRAM 读出数据的指令一览

从 DDRAM 或 CGRAM 读出数据指令的指令功能和编码如表 4 - 18 所示。

表 4 - 18　从 DDRAM 或 CGRAM 读出数据指令的指令功能和编码

指令功能	指令编码								
	RS	R/W	DB7	DB6	DB5	DB4	DB3	DB2	DB1	DB0
从 CGRAM 或 DDRAM 读出数据	1	1	要读出的数据 DB7 ~ DB0						

从 DDRAM 或 CGRAM 读出数据指令的执行时间为 40 μs，具体功能是：读取 DDRAM 或 CGRAM 中的内容。

这 11 条指令分为读状态和地址、读数据、写命令和写数据，具体的指令操作类型由 LCD1602 的 RS、R/W 和 E 端的状态（电平值）决定，具体的对应关系如表 4 - 19 所示。

表 4-19 LCD1602 的基本操作指令类型与 RS、R/W 和 E 端的状态

RS	R/W	E	指令类型
低电平	高电平	高电平	从 1602 中读取状态和地址信息，DB7～DB0 是状态和地址信息
高电平	高电平	高电平	从 1602 中读取数据，DB7～DB0 是数据
低电平	低电平	下降沿	写命令，往 1602 中写入指令，DB7～DB0 是命令
高电平	低电平	下降沿	写数据，往 1602 中写入数据，DB7～DB0 是数据

4. LCD1602 时序图

LCD1602 读写

1）读时序

LCD1602 的读时序图如图 4-15 所示。

根据读时序图，可以分析出从 LCD1602 中读取数据的工作流程：

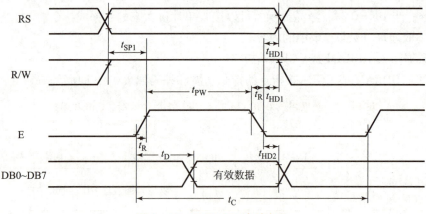

图 4-15　LCD1602 读时序图

（1）将 R/W 拉高进入读操作模式：RS 为高电平时为读数据，RS 为低电平为读状态。

（2）经过 t_{SP1}（30 ns）时间后，将使能信号 E 拉高，并且 E 的持续时间为 t_{PW}（150 ns），并且在使能信号拉高不超过 t_D（100 ns）时间内，LCD1602 会将数据放到 DB0～DB7 上。

（3）此时读取数据，并且将使能信号 E 拉低，整个读取数据的过程就完毕了。

根据 LCD1602 的读时序，首先对 DB0～DB7，RS，R/W 和 E 进行位定义，然后写出从 LCD1602 中读取数据的函数：

```
1. #define LCD_DB  P2              //宏定义 P2 口
2. sbit RW = P3^5;
3. sbit RS = P3^6;
4. sbit E  = P3^4;                 //位定义 LCD1602 的 RW、RS 和 E 端口
5. unsigned char LCD_ReadStation(void)    //读状态函数
6. {
7.     unsigned char sta;
8.     RS = 0;
```

```
9.      RW = 1;
10.     E   = 1;
11.     sta = P2;
12.     E   = 0;
13.     return sta;      //将状态值返回
14. }
```

该读状态函数的返回值数据格式如表 4 - 20 所示。

表 4 - 20　读状态函数的返回值数据格式

	D7	D6	D5	D4	D3	D2	D1	D0
	STA7	STA6	STA5	STA4	STA3	STA2	STA1	STA0
1	禁止写操作				当前数据地址指针的数值			
0	允许写操作							

当 D7 位返回的值为 1 时，表示 LCD1602 是否处于"忙"的状态，不允许"写"操作；当 D7 位返回的值为 0 时，表示 LCD1602 是否处于"空闲"的状态，允许"写"操作。根据 D7 位的返回值，可以写出检测忙的函数：

```
1. void LCD_Busy(void)
2. {
3.     P2 = 0xFF;//将 P2 口设置为输入时,先拉高
4.     while(LCD_ReadStation() & 0x80);   //D7 位为 1 时,循环等待;D7 位为 0
时,跳出循环
5. }
```

2）写时序

LCD1602 的写时序图如图 4 - 16 所示。

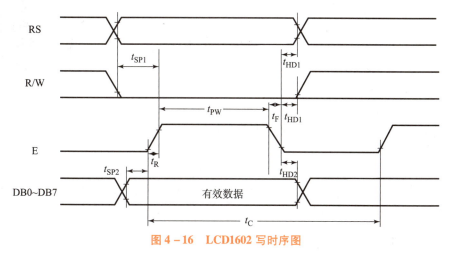

图 4 - 16　LCD1602 写时序图

根据写时序图，可以分析出向 LCD1602 中写入数据的工作流程：

（1）将 R/W 拉低进入写操作模式：RS 为高电平时为写数据，RS 为低电平为写指令。

（2）经过 t_{SP1}（30 ns）时间后，将使能信号 E 拉高，并且使能信号 E 拉高前 t_{SP2}（40 ns）时间单片机要把需要写入的数据送到 DB0～DB7 中。

（3）拉高使能信号 t_{PW}（150 ns）后，拉低使能信号，经过 t_{HD2}（40 ns）后，数据写入完毕。

根据 LCD1602 的写时序，可以写出向 LCD1602 中写命令和写数据的函数：

```
1. void LCD_WriteCom(unsigned char com)    //写入命令
2. {
3.     LCD_Busy();          //检测是否忙
4.     RS = 0;              //选择写入命令
5.     RW = 0;              //选择写入
6.     LCD_DB = com;        //待传送代码放入 P2 口
7.     E = 1;               //写入时序
8.     E = 0;
9. }
10.
11. void LCD_WriteData(unsigned char dat)
12. {
13.     LCD_Busy();          //检测是否忙
14.     RS = 1;              //选择写入数据
15.     RW = 0;              //选择写入
16.     LCD_DB = dat;        //待传送代码放入 P2 口
17.     E = 1;               //写入时序
18.     E = 0;
19. }
```

5. LCD1602 初始化

在使用 LCD1602 显示字符之前，首先要对 LCD1602 进行初始化操作，具体有以下几个步骤：

LCD1602 初始化

（1）LCD1602 功能设定：总线位数、显示的行数及字型。

（2）显示开关设定：控制显示器开/关、光标显示/关闭以及光标是否闪烁。

（3）进入模式设定：设定每次输入 1 位数据后光标的移位方向，并且设定每次写入的一个字符是否移动。

（4）清屏。

将上述 4 个步骤写成一个初始化函数并调用后，LCD1602 就已经初始化完毕，然后就可以在 LCD1602 上显示字符了。

6. LCD 显示系统的电路图

在图 4-17 所示的电路图中，RS、R/W、E 端分别接到了单片机的 P3.6、P3.5、P3.4

引脚，通过控制这三个引脚的电平值就可以控制单片机发送给 LCD1602 的指令类型；DB0 ~ DB7 接到了单片机的 P2 口，通过控制 P2 口的电平值就可以控制单片机发送到 LCD1602 的数据。例如当单片机想向 LCD1602 写入指令时，先使 P2.5 = 0，P2.6 = 0，然后让 P2.7 口的状态由 P2.7 = 1 变为 P2.7 = 0，最后从 P0 口输送指令代码到 DB0 ~ DB7，LCD1602 就会根据对应的指令代码去执行相应的指令。

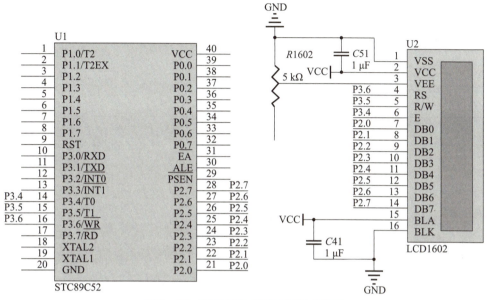

图 4 - 17　LCD1602 显示系统的电路图

1. LCD1602 显示字符 "A" 的程序

LCD1602 显示字符

根据图 4 - 17 的电路原理图、LCD1602 的指令集与 LCD1602 的时序图，实现 LCD1602 显示字符 "A"，步骤如下：

（1）编写 LCD 显示系统的 c 文件和 h 文件：包括读函数、检测忙函数、写函数和初始化函数。

（2）在 main. c 中调用 LCD1602 初始化函数。

（3）在 main. c 中设定在哪行哪列显示。

（4）在 main. c 中显示字符 "A"。

请写出实现代码。

Lcd. h 代码：

Lcd. c 代码：

main. c 代码：

2. LCD1602 显示字符串"LCD1602"的程序

显示字符串时，需要编写一个显示字符串的函数。在该函数内先设定待显示字符串需要显示的位置，然后将待显示字符串的首地址送入写函数，通过循环将字符串中的内容都显示出来。

请写出显示字符串的函数 LCD_WriteString 的代码。

```
//显示字符串函数,x 为行数:1~2,y 为列数:1~16,* p 是要显示的字符串指针
void LCD_WriteString(unsigned int x,unsigned int y,unsigned char * p)
{



}
```

将 LCD_WriteString 函数放入 Lcd.c 中，然后在 main.c 中调用即可。

请写出 main.c 的代码。

3. LCD1602 显示 A/D 转换电压的程序

在 LCD1602 上显示：Volt：□，其中□的内容为 A/D 转换模块 IN0 处的待测电压。请写出 main.c 中的代码。

滚动显示屏的设计

出租车的广告屏、公交车的前后屏幕上的内容均为滚动显示，利用 LCD1602 屏幕实现一个滚动的字符串"I Love China!"。

LCD、LED 和 OLED 显示屏

1. LCD 显示屏

LCD 的英文全称是 liquid crystal display，就是常说的液晶显示屏，是目前最为成熟的一种显示技术，同时应该也是目前市面上应用最多的屏幕显示技术。简单来说，LCD 屏幕主要分为三层，分别为背光层、液晶层和颜色过滤层。工作时，背光层发出白光，透过红、绿、蓝三种颜色的薄膜层，显示出相应的各种颜色。而在这个过程中，液晶层起到的作用是，利用电场来控制液晶分支的旋转，来改变光的行进方向，来显示不同比例、不同颜色的画面。

此外，日常中会经常看到一些诸如 IPS 屏、TFT 屏幕的描述，其实这些主要取决于 LCD 屏幕所采用的不同面板技术。TFT 技术，通过对每个像素配置一个半导体开关器件，可以提升屏幕的响应速度，精确控制显示灰度等。而 IPS 则通过液晶分子平面切换的方式，实现了更好的可视角度、更高的对比度、更高的分辨率等。

2. LED 显示屏

关于 LED，其实是一个非常容易被搞混的概念。LED 的英文全称是 Light Emitting Diode（发光二极管），但如果是针对屏幕，它全称为 LED – backlit LCD（LED 背光液晶显示器），依然是 LCD 屏幕的一种，只是将传统 LCD 屏幕的荧光灯管背光改成了 LED 背光。本质上它还属于 LCD 屏，这里就不多展开了。但这里要提一下的是，LCD 最大的特点在于，液晶本身是不发光的，它能显示画面，一定需要背光的存在，这与后面的 OLED 形成了显著的对比。

3. OLED 显示屏

OLED 全称为 Organic Light – Emitting Diode，中文名是有机发光二极管。最大的特点在于 OLED 屏幕为自发光屏幕，无须背光照片，与 LCD 屏幕有着本质的区别。OLED 屏幕通常由有机材料涂层和玻璃基板构成，当有电流通过时，这些有机材料就会发光，显示出对应的画面。相比 LCD 屏，OLED 屏幕可视角度更大，更加节能。

在显示效果上，LCD 由于液晶层不能完全闭合的原因，即使是在显示黑色时，依然会有部分背光穿过颜色层，就会造成 LCD 的黑色不够纯粹，不够黑。而 OLED 在显示黑色时，可以直接关闭黑色区域的像素点，以达到纯黑的效果。目前不少手机上的黑暗模式就是利用了 OLED 的这一特性，以达到省电的效果。也正是基于这一点，OLED 屏幕能够实现更高的对比度，视觉上来说，会令色彩看起来更加舒适一些。

而在屏幕结构上，OLED 屏幕相比 LCD 要简单许多，因此 OLED 可以把屏幕做得更薄。并且，随着技术的更新，有了合适的基板材质，OLED 也能实现大幅的弯曲，从而诞生了柔性屏，这对 LCD 来说是没法实现的。这也令 OLED 有了更多的应用场景。

4. Mini LED

看起来似乎 OLED 在各方面都比 LCD 屏幕更好一些，只要技术再成熟些，价格再低点，LCD 是不是就会进入历史的尘埃？但显然事实并不是这样，正所谓"LCD 永不为奴"，于是 Mini LED 屏出现了。

它本质上还是 LCD 液晶屏，但是采用了 Mini LED 背光，与前文提到的 LED - backlit LCD 算是同一个形态，但 Mini LED 相比普通 LED 背光屏幕的 LED 尺寸要小很多，能够缩小到 100 μm，并且间距也更小，而普通 LED 背光屏的 LED 尺寸通常在 3 mm×3 mm，完全不在一个数量级。更小的 LED、更小的间距，能够全面提升画面的清晰度和对比度，实现接近 OLED 的画质效果，但价格相比 OLED 更低。

5. Micro LED

Micro LED 看起来似乎和 Mini LED 差不多，不过二者还是有本质上的区别。简单来说，Micro LED 就是将 LED（发光二极管）背光源进行薄膜化、微小化、阵列化，其 LED 单元能够小至 50 μm，既有 LED 背光屏幕高效率、高亮度、反应时间快等特点，又具备 OLED 自发光不需要背光的特点，同时功耗相比 LCD、OLED 都要更低，寿命还比 OLED 更长，可以说是屏幕产业未来的方向。

不过，Micro LED 也存在不少困难需要克服，最大的难题就是众所周知的巨量转移，如何将 LED 做得微小化，再转移到基板上，这需要很高的工艺水平，并且屏幕的发热问题也需要解决。

通常来说，从显示效果上来看，OLED 屏幕对比度通常会比 LCD 屏幕高一些，并且在可视角度上更具优势。但 LCD 技术更加成熟，价格上更具优势。

项目5　运动控制系统的设计与实现

任务5-1　直流电机控制系统的设计与实现

知识目标

1. 了解直流电机的结构，掌握直流电机的工作原理。
2. 了解直流电机自由停车和刹车的区别。
3. 掌握直流电机驱动芯片 TB6612FNG 的引脚构成与使用方法。
4. 了解编码器的工作原理，掌握带编码器的直流减速电机旋转固定角度的方法。

技能目标

1. 根据单片机驱动直流电机的硬件电路图编写程序，驱动直流电机正转、反转、自由停车和刹车。
2. 根据单片机驱动直流电机的硬件电路图编写程序，驱动直流电机旋转固定的角度。

素养目标

培养学生认真细致的工作态度和自主学习、探索创新的良好习惯。

任务描述

在智能生产线中，智能输送系统的运行离不开电机，最常见的就是直流电机。本任务就利用 51 单片机和直流电机驱动芯片 TB6612FNG 来驱动直流电机正转、反转、自由停车、刹车以及旋转固定角度。

相关知识

1. 直流电机的结构和工作原理

1）直流电机的结构

直流电机是一种用电信号控制运转的电动机，当在直流电机的两个线圈加上电压后，直流电机就会旋转。小型直流电机因其使用方便、价格低廉的特点被广泛应用于玩具车、小型机器人、工业物联网产品及智能家居等智能控制领域，其外形如图 5-1 所示。

直流电机是由定子和转子两大部分组成的，其正剖面图如图5-2所示。定子是指直流电机运行时静止不动的部分，其主要作用是产生磁场，由机座、主磁极、换向极、端盖、轴承和电刷装置等组成；转子是指直流电机运行时转动的部分，其主要作用是产生电磁或感应电动势，是直流电机进行能量转换的枢纽，因此又称为电枢，由转轴、电枢铁芯、电枢绕组、换向器和风扇组成。

图 5-1　直流电机

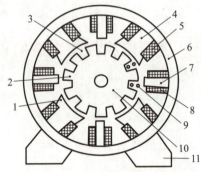

图 5-2　直流电机的剖面图

1—极靴；2—电枢齿；3—电枢槽；4—主磁极；5—励磁绕组；6—机座；
7—换向极；8—换向极绕组；9—电枢绕组；10—电枢铁芯；11—底脚

2）直流电机的工作原理

直流电机的物理模型如图5-3所示。

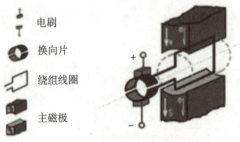

电刷

换向片

绕组线圈

主磁极

图 5-3　直流电机的物理模型

在直流电机的定子上，装了一对直流励磁的主磁极 N 和 S，在转子上装有电枢铁芯。在电枢铁芯上放置了两根导体连成的电枢线圈，线圈的首端和末端分别连到两个圆弧形的铜片上，此铜片称为换向片。换向片之间互相绝缘，由换向片构成的整体称为换向器。换向器固定在转轴上，换向片与转轴之间亦互相绝缘。在换向片上放置着一对固定不动的电刷，当电枢旋转时，电枢线圈通过换向片和电刷与外电路接通。

在电刷上施加直流电压 U，电枢线圈中的电流流向为：N 极下的有效边中的电流总是一个方向，而 S 极下的有效边中的电流总是另一个方向。根据左手定则可知，两个有效边所受洛伦兹力的方向是一致的，因此电枢开始转动。

具体来说，把图5-3中电刷的正负两端分别接到电源的正负极上，电机就会开始转动；

当把电刷的正负两端分别接到电源的负正极上，电机就会反方向转动。而电机的转速是由电枢中的电流决定的，也就是由电源的电压决定的。

如果我们通过调节施加在电机上面的直流电压大小，就可以实现直流电机调速；改变施加在电机上面的直流电压的极性，就可以实现直流电机换向。

2. 直流电机驱动芯片 TB6612FNG

如果想用单片机驱动直流电机转动，单单依靠单片机的 I/O 口进行输出是远远不够的，因为单片机 I/O 口的输出电流在 10 mA 左右，无法直接驱动直流电机转动，因此需要在单片机和直流电机之间增加直流电机驱动芯片——TB6612FNG。TB6612FNG 是一款双通道驱动电机芯片，支持 PWM 调速，它的每个通道可连续输出最高 1A 的驱动电流，启动的峰值电流为 2A，可实现正转、反转、制动、停止 4 种电机控制模式。在使用 PWM 调速时，最高支持的 PWM 频率为 100 kHz，并且其内置低压保护与热停机保护电路，工作温度为 -20~85 ℃。其引脚如图 5-4 所示。

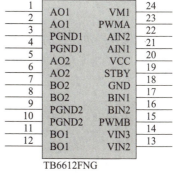

图 5-4　TB6612FNG 引脚

单独一个 TB6612FNG 芯片无法直接驱动电机，必须搭配上相应的外围电路，才能正常使用。TB6612FNG 芯片与外围电路构成的 TB6612FNG 最小系统如图 5-5 所示。为了方便使用，通常将 TB6612FNG 模块印刷在一张电路板上，并将相同功能的引脚由一个公共引脚引出，构成 TB6612FNG 模块。TB6612FNG 模块的实物如图 5-6 所示，引脚如图 5-7 所示。

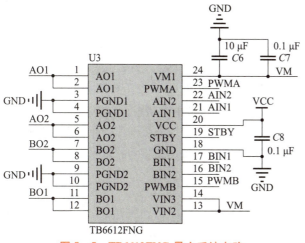

图 5-5　TB6612FNG 最小系统电路

图 5-6　TB6612FNG 模块实物

TB6612FNG 模块共有 16 个引脚，其中 1 脚 VM 接 12 V 以内的电源，2 脚 VCC 接 +5 V 的电源，3 脚、8 脚、9 脚接地线；13 脚 STBY 是使能引脚，接高电平模块使能，接低电平模块失能；4、5（7、6）脚分别是 A（B）路电机输出，接直流电机的 A、B 端，14、15（12、11）脚是 A（B）路电机控制端，接单片机的 I/O 口，PWMA（PWMB）是 A（B）路电机 PWM 输入端，可输入 100 kHz 以内的 PWM 信号用来对直流电机进行调速，如果不需要调

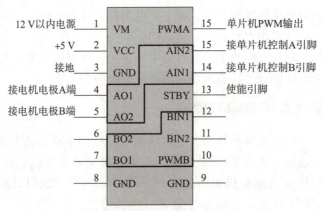

12 V以内电源	1	VM	PWMA	15	单片机PWM输出
+5 V	2	VCC	AIN2	15	接单片机控制A引脚
接地	3	GND	AIN1	14	接单片机控制B引脚
接电机电极A端	4	AO1	STBY	13	使能引脚
接电机电极B端	5	AO2	BIN1	12	
	6	BO2	BIN2	11	
	7	BO1	PWMB	10	
	8	GND	GND	9	

图 5-7　TB6612FNG 模块引脚

速，可直接连接单片机的 +5 V 或高电平，用来使能 A（B）路输出信号。根据电机控制端和 PWM 信号端的电平值不同，电机的运行状态也不同，TB6612FNG 的控制逻辑如表 5-1 所示。

表 5-1　TB6612FNG 控制逻辑

AIN1	AIN2	BIN1	BIN2	PWMA	PWMB	电机状态
1	0	1	0	1	1	A、B 电机正转
0	1	0	1	1	1	A、B 电机反转
1	1	1	1	1	1	刹车
X	X	X	X	0	0	刹车
0	0	0	0	1	1	自由停车

从表 5-1 中可知，当 AIN1、AIN2（BIN1、BIN2）处于不同电平状态并且 PWMA（PMWB）为高电平时，电机会转动，通过改变 AIN1、AIN2 的电平可以改变电机的旋转方向。当 PWMA（PWMB）为 1 时，若 AIN1、AIN2（BIN1、BIN2）为高电平，则电机处于刹车状态；若 AIN1、AIN2（BIN1、BIN2）为低电平，则电机处于自由停车状态。当 PWMA（PWMB）为 0 时，无论 AIN1、AIN2（BINI1、BIN2）为何种电平状态，电机都处于刹车状态。其中电机的刹车指的是当电机处于转动状态时，通过外部信号使电机立即停止；电机的自由停车指的是当电机处于转动状态时，突然撤掉外部信号，使电机在摩擦力的作用下慢慢停止。

3. 编码器

编码器是将信号或数据进行编制、转换为可用于通信、传输和存储的信号形式的设备。在电机控制领域，编码器能够将电机的机械几何位移转化成脉冲信号或数字量，通过检测编码器输出的脉冲信号就能够获取电机转动角度、转速等相关信息。

图 5-8 所示为带编码器的直流电机的实物与示意图。当电机转动时，电机输出轴带动码盘转动，码盘的结构会使电机转动时产生 A、B 两相脉冲信号，这两相脉冲信号的相位差为 90°。由于 A、B 信号相位差为 90°，因此可以根据两个信号先后来判断电机旋转方向，根据每个信号脉冲数量的多少及每圈电机产生多少脉冲数就可以算出当前行走的距离，如果再加上定时器还可以计算出速度。

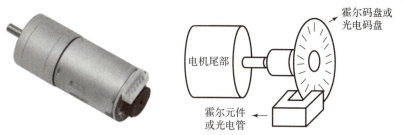

图5-8　带编码器的直流电机

4. 单片机驱动直流电机的电路图

单片机驱动直流电机的电路图如图5-9所示。

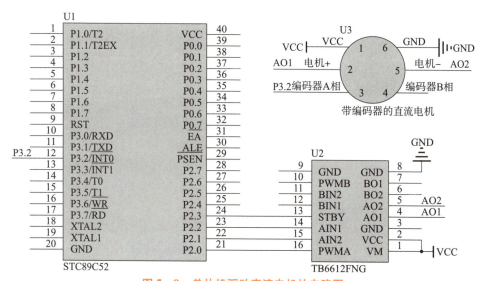

图5-9　单片机驱动直流电机的电路图

1. 单片机驱动直流电机的程序

根据图5-9和表5-1，如果要控制电机M转动，需要让P2.3、P2.0口处于高电平，然后控制P2.1和P2.2处于不同的电平状态，就可以使电机处于不同的状态。将单片机驱动直流电机的程序写成一个单独的c文件和h文件，请写出实现代码。

DirectMotor. h 代码：

DirectMotor. c 代码：

main. c 代码：

2. 单片机驱动两个直流电机沿相反方向转动的程序

仿照上面的程序，写出实现代码。

DirectMotor. h 代码：

DirectMotor. c 代码：

main. c 代码：

3. 单片机驱动直流电机"正转180°+反转180°"的程序

单片机驱动直流电机旋转180°的步骤为：

（1）编写单片机驱动直流电机转动的程序 DirectMotor. h 和 DirectMotor. c。

（2）在 DirectMotor. c 中，对外部中断0进行设置：下降沿触发、开外部中断允许及开总中断允许。

（3）在中断服务函数中，设置一个累加变量，当累加变量的值达到电机旋转一圈输出的脉冲数量的一半时，改变旋转方向。

请写出实现代码。

DirectMotor. h 代码：

DirectMotor. c 代码：

main. c 代码：

任务拓展

直流电机的调速

单片机驱动直流电机转动时，TB6612FNG 的 PWMA 引脚一直处于高电平，此时直流电机以满速运行。控制 PWMA 引脚输出占空比为 30% 、50% 和 70% 的 PWM 波，实现直流电机以不同的速度转动。

知识拓展 NEWS!

直流有刷电机和无刷电机

电机工作时，线圈和换向器旋转，磁钢和碳刷不转，线圈电流方向的交替变化是随电机转动的换相器和电刷来完成的。在电动车行业有刷电机分高速有刷电机和低速有刷电机。有刷电机和无刷电机有很多区别，从名字上可以看出有刷电机有碳刷，无刷电机没有碳刷。

1. 有刷电机

有刷电机（图 5 – 10）由定子和转子两大部分组成，定子上有磁极（绕组式或永磁式），转子有绕组，通电后，转子上也形成磁场（磁极），定子和转子的磁极之间有一个夹角，在定转子磁场（N极和S极之间）的相互吸引下，使电机旋转。改变电刷的位置，就可以改变定转子磁极夹角（假设以定子的磁极为夹角起始边，转子的磁极为另一边，由转子的磁极指向定子的磁极的方向就是电机的旋转方向）的方向，从而改变电机的旋转方向。

2. 无刷电机

无刷电机（图5-11）采取电子换向，线圈不动，磁极旋转。无刷电机，是使用一套电子设备，通过霍尔元件，感知永磁体磁极的位置，根据这种感知，使用电子线路，适时切换线圈中电流的方向，保证产生正确方向的磁力来驱动电机，消除了有刷电机的缺点。

图 5-10　有刷电机

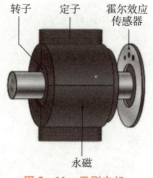

图 5-11　无刷电机

无刷直流电机由电动机主体和驱动器组成，是一种典型的机电一体化产品。由于无刷直流电机是以自控式运行的，所以不会像变频调速下重载启动的同步电机那样在转子上另加启动绕组，也不会在负载突变时产生振荡和失步。

3. 有刷电机和无刷电机的区别

1）调速方式的区别

（1）有刷电机调速过程是调整电机供电电源电压的高低。调整后的电压电流通过整流子及电刷的转换，改变电极产生的磁场强弱，达到改变转速的目的。这一过程被称为变压调速。

（2）无刷电机调速过程是电机的供电电源的电压不变，改变电调的控制信号，通过微处理器再改变大功率MOS管的开关速率，来实现转速的改变。这一过程被称为变频调速。

2）性能差异

（1）有刷电机结构简单，开发时间久，技术成熟。

有刷电机是传统产品，性能比较稳定。无刷电机是升级产品，其寿命、性能比有刷电机好。但其控制电路比较复杂，对元件的老化筛选要求比较严格。

无刷电机诞生不久，人们就发明了直流有刷电机。直流有刷电机结构简单、生产加工容易、维修方便、容易控制，一经问世就得到了广泛应用。

（2）直流有刷电机响应速度快，启动扭矩大。

直流有刷电机启动响应速度快，启动扭矩大，变速平稳，速度从零到最大几乎感觉不到振动，启动时可带动更大的负荷。无刷电机启动电阻大（感抗），所以功率因素小，启动扭矩相对较小，启动时有嗡嗡声，并伴随着强烈的振动，启动时带动负荷较小。

（3）直流有刷电机运行平稳，启、制动效果好。

有刷电机是通过调压调速，所以启动和制动平稳，恒速运行时也平稳。无刷电机通常采用数字变频控制，先将交流变成直流，直流再变成交流，通过频率变化控制转速，所以无刷电机在启动和制动时运行不平稳，振动大，只有在速度恒定时才会平稳。

（4）直流有刷电机控制精度高。

直流有刷电机通常和减速箱、译码器一起使用，使得电机的输出功率更大，控制精度更高，控制精度可以达到 0.01 mm，几乎可以让运动部件停在任何想停的地方。所有精密机床都是采用直流电机控制精度。无刷电机由于在启动和制动时不平稳，所以运动部件每次都会停到不同的位置上，必须通过定位销或限位器才可以停在想停的位置上。

（5）直流有刷电机使用成本低，维修方便。

由于直流有刷电机结构简单，生产成本低，生产厂家多，技术比较成熟，所以应用也比较广泛，如工厂、加工机床、精密仪器等，如果电机故障，只需更换碳刷即可，每个碳刷只需要几元，非常便宜。无刷电机技术不成熟，价格较高，应用范围有限，主要应用在恒速设备上，如变频空调、冰箱等，无刷电机若损坏则只能更换。

（6）直流无刷电机无电刷，干扰低。

无刷电机去除了电刷，最直接的变化就是没有了有刷电机运转时产生的电火花，这样就极大地减少了电火花对遥控无线电设备的干扰。

（7）直流无刷电机噪声低，运转顺畅。

无刷电机没有了电刷，运转时摩擦力大大减小，运行顺畅，噪声会低许多，这个优点对模型运行稳定性是一个巨大的支持。

（8）直流无刷电机寿命长，维护成本低。

少了电刷，无刷电机的磨损主要是在轴承上，从机械角度看，无刷电机几乎是一种免维护的电动机，必要时只需做一些除尘维护即可。无刷电机可连续工作 20 000 h 左右，常规的使用寿命为 7～10 年。碳刷电机：可连续工作 5 000 h 左右，常规的使用寿命为 2～3 年。

（9）两者应用场合不同。

无刷电机的设备可以运用于：乳制品行业、酿造行业、肉制品加工行业、豆制品加工行业、饮料加工行业、糕点加工业、药品业、电子精密厂等一些更高要求的无尘车间等，像迪奥电器产的无刷电机（DIHOUR）干手器，运用到工厂里比较多。节能方面，相对而言，无刷电机的耗电量只有碳刷的 1/3。

总而言之，有刷电机与无刷电机各有各的优缺点，主要根据应用场合和实际需求来选择即可。

任务 5-2　步进电机控制系统的设计与实现

知识目标

1. 了解步进电机的结构，掌握步进电机的工作原理。

2. 掌握芯片 ULN2003 的引脚构成和单片机驱动步进电机的方法。

技能目标 📖

根据单片机驱动步进电机的硬件电路图编写程序，驱动步进电机旋转固定的角度。

素养目标 ✏️

培养学生认真细致的工作态度和自主学习、探索创新的良好习惯。

任务描述 🔧

　　步进电机由于可以进行旋转角度的精确控制，因此在智能生产线中的应用非常广泛，如精确控制输送、移动距离等。本任务就利用 51 单片机和芯片 ULN2003 来驱动步进电机旋转固定的角度。

相关知识 👫

1. 步进电机的结构和工作原理

1）步进电机的结构

　　步进电机是一种将电脉冲信号转换成角位移或线位移的电动机，电机的转速取决于脉冲信号的频率，即给电机加一个脉冲信号，电机则转过一个步距角。脉冲信号的频率越快，单位时间内角位移或线位移就越大，电机的转速也就越快。步进电机由于转速可进行精确控制，常用在智能生产线、数控机床、医疗设备、包装机械、机器人及 3D 打印等各个领域。本任务使用的五线四相小型步进电机的实物和内部接线如图 5－12 所示。

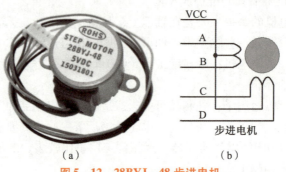

（a）　　　　　　　　　　（b）
图 5－12　28BYJ－48 步进电机
（a）实物；（b）接线

2）步进电机的工作原理

　　图 5－12 所示的是型号为 28BYJ－48 的步进电机，驱动电压为 5 V，内部带有齿轮减速器，减速比为 1/64。共有 A、B、C、D 4 相绕组，对外接出了 5 根线（橙 A、黄 B、粉 C、蓝 D、红 5 V）。如果想让步进电机旋转，就需要按照顺序给 A、B、C、D 4 根线连续的脉冲。

　　四线步进电机共有三种工作方式：单四拍、双四拍和单双八拍，各工作方式所对应的各相通电顺序如表 5－2、表 5－3 和表 5－4 所示（1 表示通电，0 表示断电）。

表 5-2　单四拍（1 相励磁）

步	A	B	C	D
1	1	0	0	0
2	0	1	0	0
3	0	0	1	0
4	0	0	0	1
5	1	0	0	0
6	0	1	0	0
7	0	0	1	0
8	0	0	0	1

表 5-3　双四拍（1 相励磁）

步	A	B	C	D
1	1	1	0	0
2	0	1	1	0
3	0	0	1	1
4	1	0	0	1
5	1	1	0	0
6	0	1	1	0
7	0	0	1	1
8	1	0	0	1

表 5-4　单双八拍（1 相励磁）

步	A	B	C	D
1	1	0	0	0
2	1	1	0	0
3	0	1	0	0
4	0	1	1	0
5	0	0	1	0
6	0	0	1	1
7	0	0	0	1
8	1	0	0	1

在单四拍和双四拍模式下，每拍旋转的角度为 $360°/(8 \times 4) = 11.25°$，即电机旋转一周共需要 32 拍。由于电机的减速比为 1/64，即电机输出轴每转一圈需要 $32 \times 64 = 2\,048$ 拍。而单双八拍每次转动的角度为单四拍的一半，即 $5.625°$，因此在单双八拍的工作方式下，

电机输出轴每转一圈需要 4 096 拍。

2. ULN2003 芯片

和驱动直流电机一样，单片机如果想要驱动步进电机，就需要一款驱动芯片——ULN2003。ULN2003 是一款七路耐高压、大电流的功率放大芯片，在继电器驱动、显示驱动、电磁阀驱动、伺服电机以及步进电机驱动电路中都有使用，共有 16 个引脚，其引脚如图 5 – 13 所示。

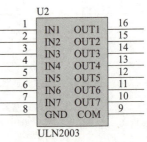

图 5 – 13　ULN2003 引脚

1 ~ 7 脚是输入引脚，16 ~ 10 脚是输出引脚，8 脚是 GND 引脚，9 脚可接 5V 电源。

3. 单片机驱动直流电机的电路图

单片机驱动直流电机的电路如图 5 – 14 所示。

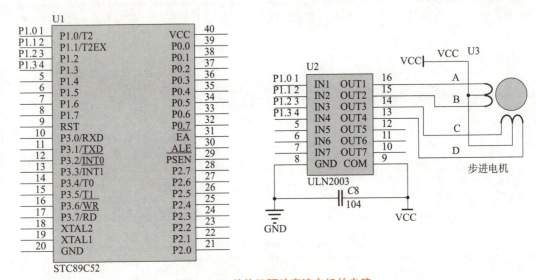

图 5 – 14　单片机驱动直流电机的电路

任务实施

双四拍方式驱动 28BYJ – 48 步进电机正反转的程序

根据表 5 – 3，编写双四拍方式驱动 28BYJ – 48 步进电机，实现其正反转。将单片机驱动步进电机的程序写成一个单独的 c 文件和 h 文件，请写出实现代码。

StepMotor 代码：

StepMotor 代码：

main. c 代码：

使用步进电机驱动器驱动两相四线步进电机

1. 两相四线步进电机

两相四线步进电机的实物和内部结构如图 5 – 15 所示。两相四线步进电机内部，A 和 $\overline{A}$ 是连通的，B 和 $\overline{B}$ 是连通的，我们是通过控制 A、$\overline{A}$、B、$\overline{B}$ 中流过的电流来控制步进电机旋转的。

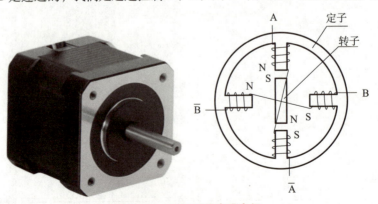

图 5 – 15　两相四线步进电机

设 A、$\overline{\text{A}}$ 为 a 组，B、$\overline{\text{B}}$ 为 b 组，如果要让步进电机旋转，那么就需要给 a 组和 b 组连续的脉冲，其运行方式为四拍，即 A→$\overline{\text{A}}$——B→$\overline{\text{B}}$——$\overline{\text{A}}$→A——$\overline{\text{B}}$→B。每给一个脉冲，步进电机旋转的角度称为步距角，用 θ 表示，其中步距角的计算公式为

$$\theta = \frac{360°}{转子齿数 \times 运行拍数}$$

如果使用的是 50 齿电机，运行拍数为四拍，那么步距角就是 1.8°，即每给步进电机一个脉冲，步进电机旋转 1.8°，如果想要步进电机旋转 360°，那么就需要给步进电机 200 个脉冲。

如果可以调节步进电机的控制脉冲频率，那么可以实现电机的调速；如果改变步进电机内部各绕组的通电顺序，那么可以实现步进电机的换向。

2. 步进电机驱动器

由于单片机的 I/O 输出电流太小，无法直接对步进电机进行驱动，并且步进电机是一种感应电机，它需要利用电子电路将直流电变为分时供电、多相时序的控制电流（脉冲）为其供电才能正常工作，因此需要在单片机和步进电机之间增加一个有脉冲分配的功率型电子装置进行驱动，这就是步进电机驱动器，其外形如图 5 - 16 所示。

图 5 - 16　步进电机驱动器

步进电机驱动器能够接收单片机发出的脉冲信号，按照步进电机的结构特点，顺序分配脉冲，实现控制角位移、旋转速度、旋转方向、制动与加载状态及自由状态等多项控制功能。单片机每发出一个脉冲信号，步进电机驱动器就控制步进电机旋转一个步距角。下面就对步进电机的各个控制引脚进行介绍。

1）A + 、A - 、B + 、B - 引脚

A + ：电机绕组 A 相 + 端；

A - ：电机绕组 A 相 - 端；

B+：电机绕组 B 相+端；

B－：电机绕组 B 相－端。

2）VCC、GND

VCC、GND 是步进电机驱动器电源端，有 AC（交流）和 DC（直流）两种。以图 5－16 所示的步进电机驱动器为例，其供电范围是直流 9~42 V，即 VCC 接 9~42 V 电源的正极，GND 接地。

3）ENA 引脚

ENA 引脚是步进电机驱动器的使能信号引脚。当 ENA＋接高电平，ENA－接低电平时，步进电机驱动器将切断电机各相的电流使电机处于自由状态，此时步进脉冲不被响应。当 ENA＋和 ENA－处于相同电平状态时，步进脉冲可以被响应，此时可以通过单片机输出给 PUL 引脚的脉冲信号来控制步进电机旋转。

4）DIR 引脚

DIR 引脚是步进电机驱动器的方向信号引脚。步进电机的初始旋转方向与电机的接线有关，当 DIR－引脚接地时，通过控制 DIR＋引脚的高低电平状态可以改变步进电机的旋转方向。

5）PUL 引脚

PUL 引脚是步进电机驱动器的脉冲信号引脚，默认上升沿有效。当 PUL＋接单片机 I/O 口、PUL－接地时，单片机每通过 I/O 输出一个脉冲信号的高电平时，步进电机就旋转一个步距角。其中 ENA－、DIR－和 PUL－可以接在一起，共同连接到单片机的地线上。

6）SW1~SW3

SW1~SW3 是细分驱动的拨码开关，可以将电机固有步距角再细分成若干小步，这样做的主要目的是减弱或消除步进电机的低频振动，提高电机的运转精度。以图 5－16 所示的步进电机驱动器为例，当细分数为 1 时（SW1：ON；SW2：ON；SW3：OFF），单片机发送 200 个脉冲步进电机旋转一圈；当细分数为 4 时（SW1：ON；SW2：OFF；SW3：OFF），单片机发送 800 个脉冲步进电机旋转一圈。我们可以在步进电机旋转之前，通过改变拨码开关的状态来实现电机的调速。如果电机开始旋转时拨动拨码开关，电机可能会运转不正常，此时可以通过改变单片机发送给驱动器的脉冲频率进行调速。

7）SW4~SW6

SW4~SW6 是步进电机工作电流设定的拨码开关，通常将电流设定成等于或小于电机的额定电流值。

3. 单片机驱动两相四线步进电机的电路图

单片机驱动步进电机的电路如图 5－17 所示。

在图 5－17 所示的电路图中，步进电机通过步进电机驱动器和单片机连接，其中 ENA－、DIR－和 PUL－与单片机的 GND 相连，ENA＋、DIR＋和 PUL＋分别与单片机的 P2.4、P2.2 和 P2.0 引脚相连。

根据步进电机驱动器的使用方法与单片机驱动步进电机的电路图，通过控制 P2.0、P2.2 和 P2.4 引脚的电平值可实现步进电机的转动。

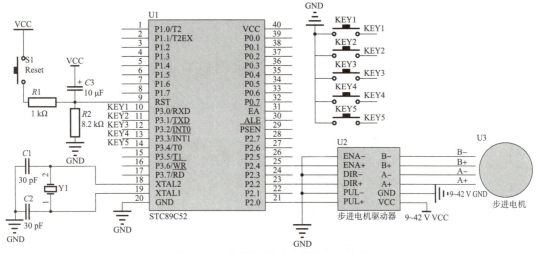

图 5-17　单片机驱动步进电机的电路

伺服电机

伺服电机是指在伺服系统中控制机械元件运转的发动机，是一种补助马达间接变速装置。伺服电机可使控制速度，位置精度非常准确，可以将电压信号转化为转矩和转速以驱动控制对象。

伺服电机转子转速受输入信号控制，并能快速反应，在自动控制系统中，用作执行元件，且具有机电时间常数小、线性度高、始动电压等特性，可把所收到的电信号转换成电动机轴上的角位移或角速度输出。其主要特点是，当信号电压为零时无自转现象，转速随着转矩的增加而匀速下降。

伺服电机在工作时主要靠脉冲来定位，伺服电机每接收到 1 个脉冲，就会旋转 1 个脉冲对应的角度，从而实现位移。由于伺服电机本身具备发出脉冲的功能，所以伺服电机每旋转一个角度，都会发出对应数量的脉冲，这样就和伺服电机接收的脉冲形成了呼应，这种控制方式叫闭环控制。如此一来，伺服电机控制系统就会知道发了多少脉冲给伺服电机，同时又收了多少脉冲回来，就能够很精确地控制电机的转动，从而实现精确的定位。

伺服电机分为交流伺服电机和直流伺服电机。

交流伺服电机是无刷电机，分为同步和异步电机。在运动控制中一般用同步电机，它的功率范围大，可以做到很大的功率。并且它具有大惯量，最高转动速度低且随着功率增大而快速降低，因而适用于低速平稳运行的场合。

直流伺服电机分为有刷电机和无刷电机。有刷电机成本低，结构简单，启动转矩大，调速范围宽，控制容易，需要维护，但维护不方便（需要换碳刷），产生电磁干扰，对环境有要求，因此它可以用于对成本敏感的普通工业和民用场合。而无刷电机体积小，重量轻，出力大，响应快，速度高，惯量小，转动平滑，力矩稳定；控制复杂，容易实现智能化，其电子换相方式灵活，可以方波换相或正弦波换相；电机免维护，效率很高，运行温度低，电磁辐射很小，寿命长，可用于各种环境。

任务 5 – 3　避障系统的设计与实现

知识目标

1. 了解超声波测距模块的组成、引脚功能及时序图，熟练掌握超声波测距模块的工作原理。

2. 学会使用单片机驱动超声波模块进行测距。

技能目标

根据超声波模块的时序图编写程序，将超声波模块与障碍物之间的距离显示在 LCD1602 显示屏上，并根据与障碍物之间的距离控制电机处于不同的运行状态。

素养目标

培养学生认真细致的工作态度和自主学习、探索创新的良好习惯；培养机电工程师规范编程的职业素养

任务描述

在智能生产线中，AGV 小车发挥了很大的作用。它采用仿生技术超声波实现机器人的避障功能，使其可以在进行清扫作业时遇到障碍物或墙壁时能够对前进方向进行调节，避免发生碰撞。目前的 AGV 小车在实现避障功能时，往往在本体上安装有超声波传感器，利用超声波遇到障碍物会返回的特点，可以计算超声波传感器与障碍物的距离，当距离小于某一阈值时更改行进方向，实现避障。本任务就学习如何使用超声波测距传感器。

相关知识

1. HC – SR04 超声波模块

HC – SR04 是一块超声波测距模块，包含了超声波发射器、接收器与控制电路，其实物如图 5 – 18 所示。

该模块能在 2 ~ 400 cm 的距离内进行测距，精度可达 3 mm。模块共有 4 个引脚：VCC、GND、Trig 和 Echo。其中 VCC 引脚接 + 5 V 电源，GND 引脚接地线，Trig 引脚是脉冲触发引脚，Echo 引脚是回响信号引脚。

图 5 – 18　HC – SR04 超声波测距模块

2. HC - SR04 模块的时序图

HC - SR04 模块的时序图如图 5 - 19 所示。

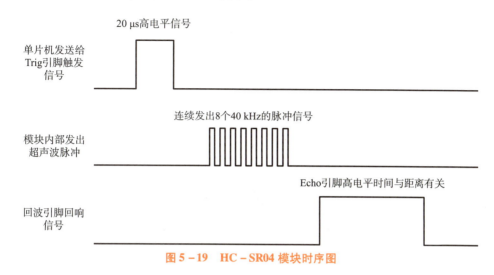

图 5 - 19　HC - SR04 模块时序图

当单片机发送给脉冲触发引脚 20 μs 以上的高电平信号时，模块开始工作并连续发出 8 个 40 kHz 的脉冲信号，当脉冲信号发送完毕后回波引脚 Echo 的电平会由 0 变成 1。当超声波遇到障碍物返回模块时，此时测距结束，回波引脚 Echo 的电平会由 1 变为 0。

根据时序图，可以分析出 HC - SR04 模块的工作流程：

（1）单片机首先发送给 Trig 引脚一个 20 μs 的高电平信号。

（2）Trig 引脚接收到 20 μs 的高电平信号后，HC - SR04 模块开始工作，并连续发出 8 个 40 kHz 的脉冲信号，此后 Echo 引脚会变为高电平。

（3）当超声波遇到障碍物返回后，Echo 引脚会由高电平变为低电平，测距结束。

假设从发射超声波到接收到回波信号的时间（Echo 引脚高电平的时间）为 t，声速为 v，那么超声波测距模块到障碍物之间的距离为 $\dfrac{vt}{2}$。也就是说，超声波模块测距的实质就是测量超声波从发出到返回的时间，即 Echo 引脚高电平的时间。具体的测定方法如下：

当 Echo 引脚的电平值由低变为高时启动定时器，然后等待回波信号；当有回波信号产生时，Echo 引脚的电平值会由高变为低，此时关闭定时器，然后计算定时器的定时时间。

由于超声波测距模块的最大测试距离为 4 m，声波的速度在 25℃时是 346 m/s，因此 Echo 引脚处于高电平的最大时间约为 23 ms。设 Echo 引脚的高电平时间为 t ms，单片机的定时器每过 1 ms 产生一次中断，那么 t 的值就由两部分组成：整数部分为单片机进入定时器中断的总次数，小数部分是定时器最后一次重置初值后所经过的时间。例如 $t = 5.5$ ms，那么此时单片机进入了 5 次定时器中断，每次经过的时间是 1 ms，在第 5 次进入中断后，定时器又经过 0.5 ms，然后 Echo 引脚变为低电平，这个时间无法通过定时器中断服务函数获取，可以通过定时器 TH0 和 TL0 的值来获取。

3. 单片机驱动超声波测距模块测距的电路图

单片机驱动超声波测距模块测距的电路如图 5 - 20 所示。

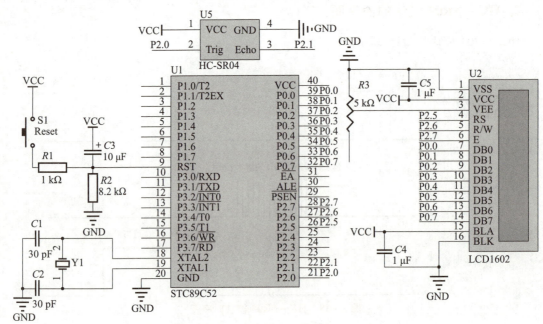

图 5-20　单片机驱动超声波测距模块测距的电路

任务实施

1. 利用 HC-SR04 超声波测距模块测量距离并在 LCD1602 显示屏上进行显示的程序

超声波驱动函数

单片机驱动 HC-SR04 测距并显示在 LCD1602 上的步骤为：

（1）初始化 HC-SR04 模块，将 Trig 和 Echo 引脚的电平拉低。

（2）拉高 Trig 引脚 20 μs，然后拉低。

（3）等待 Echo 引脚的电平变为高电平时，开始测距。

（4）测距开始后，先开启定时器，然后等待，当 Echo 引脚的电平变为低电平时，测距结束，关闭定时器。

（5）计算距离：超声波从发出到接收的时间×超声波在空气中的速度。

（6）调用 Lcd.c 中的显示函数，将距离值显示在 LCD1602 上。

将单片机 HC-SR04 测距的程序写成一个单独的 c 文件和 h 文件，请写出实现代码。（Lcd.c 和 Lcd.h 文件中的代码参照任务 4-3）

ultrasonic.h 代码：

ultrasonic. c 代码：

main. c 代码：

2. 根据测距结果控制电机运行状态的程序

当测距结果小于 2 cm 时，控制电机停转；测距结果大于 2 cm 时，控制电机转动，请写出实现代码。（电机驱动代码参照任务 5 - 1 和任务 5 - 2）

main. c 代码：

任务拓展

根据测距结果控制 LED 灯闪烁

根据 HC – SR04 的测距结果控制 LED 灯闪烁：5 cm 以上不闪，2 ~ 5 cm 慢闪，2 cm 以内快闪。

项目6　通信系统的设计与实现

 任务 6-1　串行通信系统的设计与实现

知识目标

1. 了解通信的概念，熟悉串行通信的相关部件，掌握51单片机串行通信的相关寄存器及工作方式。
2. 学会计算不同波特率下定时器初值，熟练掌握串行通信的工作原理。
3. 掌握单片机分析接收指令的方法。

技能目标

1. 根据51单片机串行通信的工作原理，配置串行通信的相关寄存器，使串行口中断能够被 CPU 响应。
2. 编写程序，使单片机能接收到 PC 发送的字符并向 PC 返回相同的字符。
3. 编写程序，使用 PC 控制智能开发板的 LED 灯。

素养目标

培养学生严谨细致的工作作风；提升劳动意识，对接职业标准，做一名合格的机电工程师。

任务描述

在大型工程项目中，一个设备实现的功能往往是有限的，如果想要多个设备之间同时工作，就需要用到通信。本任务就利用串行通信在单片机和 PC 之间进行数据传输。

相关知识

1. 串行通信的基本概念

1）串行通信和并行通信

单片机的通信指的是单片机与其他外部设备之间的信息交换，根据数据的传输方式不同，可以将通信的方式分为并行通信和串行通信两种。

并行通信是将数据的各位以多条数据线同时进行传送的方式。这种方式控制简单，传输速度快，但传输线较多，长距离传输时成本高。并行数据的传输过程示意图如图6-1（a）所示。

串行通信是将数据分成一位一位的形式在一条传输线上逐个传输。这种传输方式所用传输线少，长距离传送时成本低。串行数据的传输过程示意图如图6-1（b）所示。

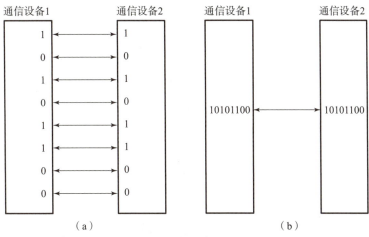

（a）   （b）

图6-1　通信数据传输过程示意图

（a）并行通信；（b）串行通信

2）同步通信和异步通信

串行通信的方式分为同步通信和异步通信。51系列单片机采用的是异步通信的方式。

同步通信方式是把许多字符组成一个信息帧，这样可以使字符一个一个地传输。但是在每一组信息帧的开始要加上同步字符，在没有信息传输时还要加上空字符。在同步通信的方式下，发送方除了要发送数据，还要同步时钟信号，这样是为了保证信息的传输双方共用一个时钟信号来确定传输工程中的每一个位置，这样会增加单片机硬件电路的复杂程度，所以单片机很少使用这种方式进行传输。同步通信的传输示意图如图6-2所示。

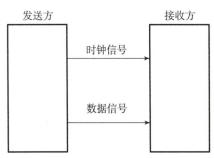

图6-2　同步通信的传输示意图

在异步通信方式中，数据在传输线上是一帧一帧传输的，在上一帧数据传送完毕后才可以进行下一帧数据的传输，因此在数据的开始和结尾都要用一些数位来作为分隔位（起始位和停止位）。异步通信的传输示意图如图6-3所示。

异步通信数据帧是由起始位、数据位、奇偶校验位和停止位组成的。

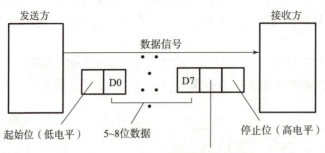

图6-3 异步通信的传输示意图

（1）起始位。起始位是整个数据帧中的第一位。当发送方发送数据时，首先发送一个低电平到接收方，待接收方接收到低电平后，才开始进行数据的接收。

（2）数据位。异步通信的数据位置为5~8位，它是紧跟着起始位的，即接收方接收到低电平后，再接收到的第一位即发送方发送的数据。在异步通信方式下，数据位的传输是从低位向高位进行的。

（3）奇偶校验位。奇偶校验位是用来检验传输的数据是否有误的，分为奇校验和偶校验，在异步通信中，该位可以不用。奇校验是指数据位和校验位中"1"的个数为奇数；偶校验是指数据位和校验位中"0"的个数为偶数。

如果在校验中采用奇校验，那么发送方中数据位中"1"的个数＋校验位中"1"的个数应当为奇数，如果在传输过程中数据位中有一位数据产生了错误，那么数据位中"1"的个数＋校验位中"1"的个数就会变为偶数，这时接收方就知道传输过来的数据有误，就会要求重新发送数据。

（4）停止位。停止位是整个数据帧中的最后一位或两位，是高电平。在一帧数据传输完毕后，紧接着传输一个高电平，代表这一帧数据传输结束。如果想要继续传输下一帧数据，只需要再传输一个起始位信号（低电平），接收方就会继续接收下一帧数据。

2. 串行通信的相关部件

单片机可以通过串行通信口与其他设备进行数据通信，将数据传送给外部设备或接收外部设备传来的数据，从而实现多种多样的功能。51单片机串行通信口的相关部件如下：

（1）发送数据缓冲器 SBUF 和接收数据缓冲器 SBUF。这是两个8位的数据缓冲器，它们的名字都是 SBUF，在发送数据时，单片机会把 SBUF 中的数据发送出去；在接收数据时，单片机会把接收到的数据存入 SBUF。在一次发送或接收（一次串口中断）时，单片机只能发送或接收8位数据，如果想要发送或接收多位数据，需要单片机进行多次发送或接收（串口中断）。

（2）串行控制寄存器 SCON。串行控制寄存器 SCON 的功能是控制串行通信口的工作方式，并且能够反映串行通信口的工作状态。

（3）定时器 T1。在串行通信中，定时器 T1 用来当作波特率发生器，用来产生发送或接收数据所需要的移位脉冲，移位脉冲的频率越高，发送或接收数据时的速率越快。

3. 串行通信的相关寄存器

如果想实现 PC 和单片机之间的串行通信，就要用到串行口中断，因此串行口的设置也要涉及中断相关的寄存器。串行通信涉及的寄存器有中断允许寄存器 IE、中断优先级寄存器 IP、串行控制寄存器 SCON 和电源控制寄存器 PCON。

1）中断允许寄存器 IE

中断允许寄存器 IE 在前面已经进行了介绍，其各位含义如表 3-4 所示，其中涉及串行通信设置的位有：

ES：串行口中断允许位。ES = 0，禁止串行口中断；ES = 1，允许串行口中断。

2）中断优先级寄存器 IP

中断优先级寄存器 IP 在前面已经进行了介绍，其各位含义如表 3-5 所示，其中涉及串行通信设置的位有：

PS：串行口中断优先级设置位。PS = 0，设置串行口中断为低优先级；PS = 1，设置串行口中断为高优先级。

3）串行控制寄存器 SCON

串行控制寄存器 SCON 在前面已经进行了介绍，它的功能是控制串行通信口的工作方式，并且能够反映串行通信口的工作状态，它是一个 8 位寄存器，既可以进行位操作，也可以进行寄存器操作。串行控制寄存器 SCON 的各位含义如表 6-1 所示。

表 6-1　串行控制寄存器 SCON 各位的含义

D7	D6	D5	D4	D3	D2	D1	D0
SM0	SM1	SM2	REN	TB8	RB8	TI	RI

（1）SM0、SM1 位：串行通信口工作方式设置位。

当 SM0、SM1 取不同值时，可以将串行通信口设置成不同的工作方式，具体的对应关系如表 6-2 所示。

表 6-2　SM0、SM1 位与串行口工作方式的关系

SM0	SM1	工作方式	功能	波特率
0	0	0	8 位同步移位寄存器方式（用于扩展 I/O 口数量）	$f_{osc}/12$
0	1	1	10 位异步收发方式	可变
1	0	2	11 位异步收发方式	$f_{osc}/64, f_{osc}/32$
1	1	3	11 位异步收发方式	可变

串行通信口最常见的工作方式是工作方式 1~10 位异步收发方式且波特率可变，f_{osc} 是单片机的时钟振荡频率。

（2）SM2 位：多机控制位，用来设置主机-从机式的多机通信。

SM2 = 1 时，允许多机通信；SM2 = 0 时，禁止多机通信。

（3）REN 位：串行接收允许位。

REN = 1，允许接收；REN = 0，禁止接收。

（4）TB8、RB8 位：方式 2、3 中发送、接收数据的第 9 位。

第 9 位可以用作奇偶校验位，或者在多机通信时，用作地址或数据的标志位。在方式 0、1 中，TB8 位不用；若 SM2 = 0，则 RB8 位是接收到的停止位。

（5）TI 位：发送中断标志。

当数据发送结束时，TI 位会自动置 1，需要通过程序进行软件置 0 操作。

（6）RI 位：接收中断标志。

当数据接收结束时，RI 位会自动置 1，需要通过程序进行软件置 0 操作。

当打开单片机的电源且在不对 SCON 进行任何操作时，SCON = 00H。

4）电源控制寄存器 PCON

电源控制寄存器 PCON 的作用是控制串行通信波特率加倍与否，它是一个 8 位寄存器，不可以进行位操作，只能对整个寄存器进行整体赋值。电源控制寄存器 PCON 的各位含义如表 6 – 3 所示。

表 6 – 3　电源控制寄存器 PCON 各位的含义

D7	D6	D5	D4	D3	D2	D1	D0
SMOD	XXX	XXX	XXX	XXX	XXX	XXX	XXX

在电源控制寄存器 PCON 中，与串行口相关的控制位只有一个：SMOD 位，该位的作用是设置波特率加倍与否。SMOD = 0 时，波特率不变；SMOD = 1 时，波特率加倍。

4. 串行通信的波特率

在串行通信中，为了保证传输数据的正确性，要求发送方和接收方的接收数据速率一样，这就要求发送方和接收方的波特率设置一样。波特率是数据的传输速率，它用每秒传送的二进制数来表示，单位是 bit/s。当串行口工作在 4 种工作方式下，其波特率与工作方式的对应关系如表 6 – 4 所示。

表 6 – 4　串行通信波特率与工作方式的对应关系

工作方式	波特率（Baud）
0	$f_{osc}/12$
1	$\dfrac{2^{SMOD}}{32} \cdot$ T1 的溢出率
2	$f_{osc}/64$，$f_{osc}/32$
3	$\dfrac{2^{SMOD}}{32} \cdot$ T1 的溢出率

表 6 – 4 中，T1 的溢出率指的是定时/计数器 1 在单位时间内计数产生的溢出次数。一般来说，以 T1 工作在方式 2 时来确定波特率是比较理想的，因为它是自动重装载定时器，不需要中断服务函数来重新设定初值，因此计算出来的波特率比较准确。并且工作方式 2 的计数时间短，单位时间的溢出次数多，比较适合产生较高的溢出率。

设 T1 的初值为 X，当 T1 工作在方式 2 时，它的溢出周期为

$$\frac{12}{f_{osc}} \cdot (2^8 - X)$$

溢出周期的倒数即溢出率，即

$$\frac{f_{osc}}{12(2^8 - X)}$$

因此串行口工作在方式 1 下的波特率（Baud）为

$$Baud = \frac{2^{SMOD}}{32} \cdot \frac{f_{osc}}{12 \ (2^8 - X)}$$

从上式可以得到串行口工作在方式 1 下的初值为

$$X = 2^8 - \frac{2^{SMOD} \cdot f_{osc}}{384 \cdot Baud}$$

例如单片机的时钟频率 $f_{osc} = 11.059\ 2$ MHz，现在要让串行通信的波特率为 2 400 bit/s，波特率不倍增（SMOD = 0），串行通信的工作方式为方式 1，T1 的工作方式为方式 2，那么 T1 的初值为

$$X = 2^8 - \frac{2^0 \times 11.059\ 2 \times 10^6}{384 \times 2\ 400} = 244$$

十进制数 244 转换成十六进制数是 F4H，因此将 T1 的初值设定为 F4H 即可。

如果单片机的时钟频率 $f_{osc} = 12$ MHz，仍然按照上述要求对 T1 初值进行计算，那么 T1 的初值为

$$X = 2^8 - \frac{2^0 \times 12 \times 10^6}{384 \times 2\ 400} \approx 243$$

此时 T1 的初值并不是一个整数。由于在软件中对 T1 进行初值设定时必须为整数，因此四舍五入后为 243。将这个四舍五入后的值代入波特率计算公式得到 12 MHz 下的实际波特率为

$$Baud = \frac{2^0}{32} \cdot \frac{12 \times 10^6}{12 \ (2^8 - 243)} = 2\ 403.8 \approx 2\ 404$$

误差为

$$\frac{2\ 404 - 2\ 400}{2\ 400} \approx 0.16\%$$

因此使用时钟频率为 12 MHz 的单片机进行串行通信时，会产生波特率误差。

在使用 51 单片机进行串行通信时，常用晶振频率下的波特率、定时器 T1 在工作方式 2 下的初值和误差如表 6 – 5 所示。

表 6 – 5 常用晶振频率下的波特率、T1 初值和误差

时钟频率/MHz	理论波特率	SMOD	T1 初值	实际波特率	误差
11.059 2	19 200	1	FDH	19 200	0
11.059 2	9 600	0	FDH	9 600	0
11.059 2	4 800	0	FAH	4 800	0
11.059 2	2 400	0	F4H	2 400	0
12	9 600	1	F9H	8 923	7%
12	4 800	0	F9H	4 460	7%
12	2 400	0	F3H	2 404	0.16%

从表 6-5 中可以看出，时钟频率为 11.059 2 MHz 时的波特率没有误差，并且可达到的最大波特率比时钟频率为 12 MHz 时的最大波特率要高一倍。如果使用时钟频率为 12 MHz 的单片机进行串行通信，只有在波特率为 2 400 时的误差比较小，其余波特率的误差较大，容易产生乱码。因此在实际应用时，常常选取时钟频率为 11.059 2 MHz 的单片机进行串行通信。

5. 串行通信的工作过程

串行通信有发送和接收两个过程，都需要通过串口中断的形式来完成，并且每次只能发送或接收一个字符（8 位），其工作过程如图 6-4 所示。

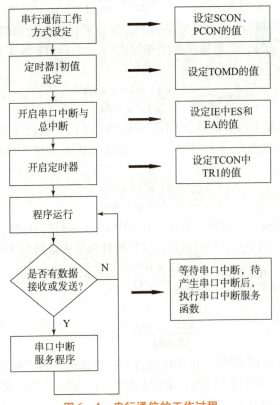

图 6-4　串行通信的工作过程

例如 51 单片机时钟频率为 11.059 2 MHz，串行通信的波特率为 9 600 bit/s，波特率不倍增（SMOD = 0），串行通信的工作方式为方式 1，T1 的工作方式为方式 2，允许串口中断，那么首先要设定 SCON 中的 SM0 = 0，SM1 = 1，REN = 1（允许接收）；然后设定 PCON 中的 SMOD = 0，即 PCON = 0x00；接下来查表得到定时器 1 的初值为 FDH，即 TH1 = TL1 = FDH；接下来开启串口中断与总中断，即 ES = 1，EA = 1；最后开启定时器 1，TR1 = 1。至此，串行口中断已经开启，当单片机向外发送或从外部接收数据时，就会产生串行口中断，单片机就会去执行串行口中断服务程序。

串口通信

1. 将 PC 发送给单片机的字符返回给 PC

单片机通过串口中断接收及发送字符的步骤为：

（1）串口初始化：设定串口工作方式、定时器 T1 工作方式、波特率是否加倍、定时器初值、允许串口中断、允许总中断和开启定时器，并将初始化的设置程序写在一个串口中断的初始化函数 Usart_Init( ) 中。

（2）在程序中等待有数据发送给单片机。

（3）在串口中断中先将发送的数据保存，然后清空接收标志。

（4）将保存的数据发送，等待发送标志置 1 后，清空发送标志。

按照以上步骤，单片机就会自动将接收的字符返回给单片机。请写出实现代码。

2. PC 发送字符控制 LED 灯的亮灭

PC 发送 "0" 点亮 LED0，发送 "1" 熄灭 LED0。请写出实现代码。

任务拓展

两块单片机之间的串行通信

在两块智能硬件开发板之间进行串行通信，实现按下一个开发板上的 K1、K2、K3 后，在另一块开发板的数码管上显示数字 1、2、3。

知识拓展 NEWS!

I²C 通信

在单片机应用系统中，串行通信总线技术是非常重要的通信手段，除了有异步串行通信 UART 外，I²C 通信也是一种常见的通信方式，采用 I²C 通信方式的常用器件包括 E²PROM 存储器件 AT24C256、时钟芯片 DS3231、陀螺仪加速度计 MPU6050 等。

I²C（inter – integrated circuit）总线是由 PHILIPS 公司开发的两线式串行通信总线，用于连接主机以及外围设备。两根数据线一个为时钟线 SCL，另一根为数据线 SDA，可实现数据的发送或接收。通常将 I²C 通信速率分为：低速模式 100 Kbit/s、快速模式 400 Kbit/s 以及高速模式 3.4 Mbit/s，I²C 器件为向下兼容式，一般所有 I²C 器件均支持低速模式。I²C 通信器件典型电路如图 6 – 5 所示。

在 I²C 总线上挂载多个外围器件，总线与电源之间配置了上拉电阻，使所有器件之间形成了"线与"的逻辑关系，任何一个器件将总线拉低，总线将保持低电平，因此任意一个器件都可以当成主设备或者从设备。I²C 通信最底层的时序操作包含 4 种类型的信号，所有基于 I²C 总线的外围器件都是在这 5 种底层信号的基础上进行数据的读写，这 5 种信号分别是起始信号、停止信号、写字节信号、读字节并发送应答信号和读字节并发送非应答信号。

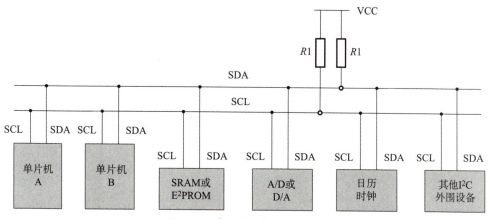

图 6-5 I^{2}C 器件典型应用电路

1. 起始信号和停止信号

起始信号，功能为通知 I^{2}C 器件可以开始进行数据操作，操作时序为：当 SCL 为高电平时，SDA 由高电平向低电平跳变。停止信号，功能为通知 I^{2}C 器件数据操作已结束，操作时序为：当 SCL 为高电平时，SDA 由低电平向高电平跳变。时序如图 6-6 所示。

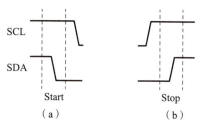

图 6-6 I^{2}C 起始信号、停止信号时序

（a）起始信号；（b）停止信号

2. I^{2}C 写字节信号

I^{2}C 写字节信号的功能为向总线写入 1 字节的数据，操作时序如图 6-7 所示。

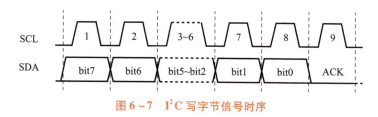

图 6-7 I^{2}C 写字节信号时序

在写入数据的过程中，数据顺序为从高位到低位，最先写入的数据为 bit7，依次到 bit0 共 8 位数据。如果接收器件收到上述 1 字节的数据，会在 SCL 的第 9 个周期的高电平期间将 SDA 拉低为 "0"，这个第 9 位数据称为应答位 ACK，作用为通知主机已经收到 1 字节的数

据。因此，在主机程序中通过 ACK 位判断 1 字节数据是否写入成功。在写数据的过程中要求，数据在 SCL 高电平期间要保持 SDA 数据稳定，在 SCL 低电平期间，SDA 可由高电平变为低电平或者由低电平变为高电平。

3. I^2C 读字节并发送应答信号

I^2C 读字节并发送应答信号时序与图 6 – 7 基本相同，只不过 bit7 ~ bit0 由 I^2C 从器件给出，在 SCL 高电平期间主机将数据读取，第 9 位应答信号 ACK 由主机给出，ACK 为 "0" 表示主机后续还要继续读取数据，为 "1" 时主机不再读取后续数据，可以结束通信。

4. I^2C 读字节并发送非应答信号

它与读字节并发送应答信号相同，唯一的区别为主机发出非应答信号，即 ACK = 1，主机不再读取后续数据，可以结束通信。

5. I^2C 一次通信时序

所有基于 I^2C 总线的通信设备都是以上面 5 条最底层操作为基础的，完成一次完整的 I^2C 通信时序如图 6 – 8 所示。

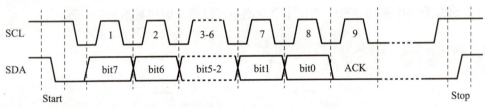

图 6 – 8 I^2C 一次通信时序图

一次完整的 I^2C 总线通信至少包含起始信号、一次字节读或写，或者多次读或写，以及停止信号。在起始信号与停止信号之间读或写的具体内容与 I^2C 器件本身的上层通信协议有关。

任务 6 – 2　红外通信系统的设计与实现

1. 了解红外通信的基本原理，掌握 NEC 协议的数据格式。
2. 了解红外接收模块 VS1838B 的作用，掌握 VS1838B 模块与单片机的连接方式。
3. 掌握对红外信号进行解码的步骤，会使用单片机编写程序对红外信号进行解码。

技能目标

编写单片机程序，实现红外遥控器控制智能硬件开发板。

培养学生严谨细致的工作作风；提升劳动意识，对接职业标准，做一名合格的机电工程师。

任务描述

红外遥控技术是一种无线、非接触式数据传输技术，具有成本低、抗干扰能力强的特点，广泛应用于各种电子设备的遥控通信中，如电视、空调、手机等。除此之外，由于红外光的波长远小于其他常用无线电波长，因此对其他无线通信电子设备没有影响，在智能设备和物联网领域是一种非常可靠的通信方式。本项目就利用红外遥控器和智能硬件开发板制作红外通信系统，实现用红外遥控器控制智能硬件开发板。

相关知识

1. 红外通信的基本原理

红外线是波长介于微波和可见光之间的电磁波，波长在 760 nm 到 1 mm 之间，是波形比红光长的非可见光。自然界中的一切物体，只要它的温度高于绝对零度，就存在分子和原子的无规则运动，其表面就会不停地辐射红外线，我们正是利用了这一点把红外技术应用到实际通信中。

在实际的红外通信中，发射端发出的原始红外信号往往具有较宽的频谱，而且都是在比较低的频率段分布大量的能量，这种能量不适合直接在信道中传输。为了方便传输、提高抗干扰能力，通常需要将信号调制到适合在信道中传输的频率内进行传输。而在接收端，对接收到的信号进行解调即可还原原始信号。

我们平时所用的红外遥控器，使用的是 38 kHz 的载波进行调制，具体原理如图 6 - 9 所示。

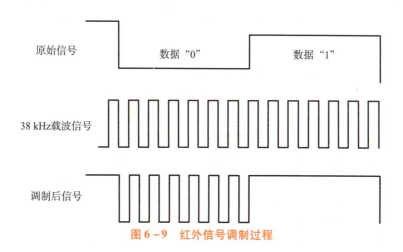

图 6 - 9　红外信号调制过程

其中原始信号就是我们要发送的数据"0"或者数据"1"，而 38 kHz 载波信号就是频率为 38 kHz 的方波信号，调制后信号就是红外发射端发出的最终信号。在图中可以看到，当发送的数据为"0"时，38 kHz 的载波被完整地发射出去；当发送的数据为"1"时，不发射任何载波信号。根据这个过程，在接收端可以通过接收到的是 38 kHz 的载波还是其他信号来判断接收到的是否是红外信号。

2. NEC 协议

为了将需要传递的信息加载到红外光上，就必须使用红外遥控的编码协议，常见的有 ITT 协议、NEC 协议、Sharp 协议、Philips RC – 5 协议、Sony SIRC 协议等，其中用得最多的就是 NEC 协议。

在数字通信中，最小的信息单位是"位（bit）"，即"0"或"1"，其在 NEC 协议中以发射红外载波的占空比代表"0"或"1"。其中逻辑"0"的表示方法为：560 μs 的连续载波 +560 μs 的低电平，总时长为 1.125 ms；逻辑"1"的表示方法为：560 μs 的连续载波 +1 680 μs 的低电平，总时长为 2.25 ms。在 NEC 协议中，逻辑"0"和逻辑"1"的表示方法如图 6 – 10 所示。

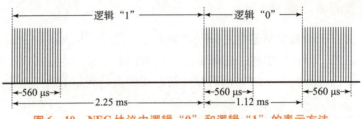

图 6 – 10　NEC 协议中逻辑"0"和逻辑"1"的表示方法

在进行数据传输时，一帧 NEC 格式包含的数据如图 6 – 11 所示。

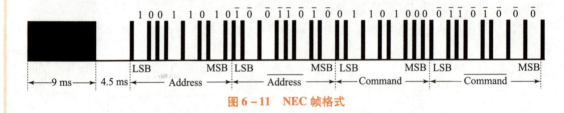

图 6 – 11　NEC 帧格式

（1）同步码头：9 ms 载波 +4.5 ms 低电平。

（2）地址码（Address）：也叫用户码，用户自定义的 8 bit 数据。

（3）地址反码（$\overline{\text{Address}}$）：也叫用户反码，8 bit 用户码按位取反。

（4）命令码（Command）：也叫键数据码，8 bit 数据。

（5）命令反码（$\overline{\text{Command}}$）：也叫键数据反码，8 bit 数据码按位取反。

由上面的内容可知，NEC 协议实际传输的数据内容为用地址码（用户码）和命令码（键数据码），数据按照低位（LSB）到高位（MSB）的顺序一次传输；反码主要用于数据校验，确保数据传输的可靠性。

当 NEC 发送模块通过红外光发送数据时，接收模块如果接收到 38kHz 的载波时就会输出低电平，其他情况输出高电平。因此，当单片机根据红外接收模块接收到的高低电平持续时间就可以对数据进行解码了。例如当单片机接收到 9 ms 低电平 +4.5 ms 高电平时即接收到了引导码；当接收到 560 μs 低电平 + 560 μs 高电平表示接收到了数据"0"；当接收到 560 μs 低电平 + 1 680 μs 高电平表示接收到了数据"1"。

3. 红外信号接收模块 VS1838B 和红外遥控器

VS1838B 是一款红外接收模块，内部集成了监测、放大、滤波、解调等一系列电路处理，最终输出基带信号，其外形如图 6 – 12 所示。

VS1838B 共有 3 个引脚，分别为 VCC、OUT 和输出引脚 OUT。根据 NEC 协议，当 VS1838B 接收到 38 kHz 的载波时会输出低电平，因此可以将 VS1838B 模块的输出引脚接到单片机的 P3.3（$\overline{INT1}$）引脚上。通过配置外部中断 1 为下降沿触发，就可以利用外部中断 1 来处理红外接收到的数据了。

红外遥控器上共有 21 个按键，其外形如图 6 – 13 所示。当按下某一按键时，会向红外接收头发射对应的键数据码，单片机就是通过判断键数据码的数值来得知红外遥控器具体哪个键被按下了。其键数据码与按键字符的对应关系如表 6 – 6 所示。

图 6 – 12　VS1838B 外形

图 6 – 13　红外遥控器

表 6 – 6　红外遥控器键数据码—按键字符对应表

键数据码	按键字符	键数据码	按键字符	键数据码	按键字符
69	CH –	70	CH	71	CH +
68	PREV	64	NEXT	67	PLAY/PAUSE
7	–	21	+	9	EQ
22	0	25	100 +	13	200 +
12	1	24	2	94	3
8	4	28	5	90	6
66	7	82	8	74	9

4. VS1838B 和单片机的连接电路图

图 6 – 14 所示的就是 VS1838B 和单片机的连接电路，其中 VS1838B 的 OUT 引脚连接到了单片机的 P3.3 引脚上，我们可以通过外部中断 1 来处理接收到的数据，从而对智能硬件开发板进行控制。

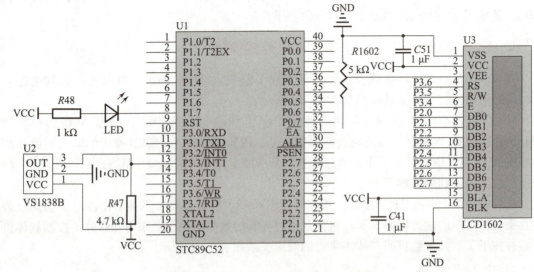

图 6 – 14 VS1838B 和单片机的连接电路

1. 在 LCD1602 显示屏上显示红外遥控器按下的按键名称

51 单片机进行红外解码的步骤为：

（1）将外部中断 1 设置为下降沿触发。

（2）在外部中断 1 的中断服务函数中判断引导码的正确性：通过定时/计数器计算高、低电平的持续时间，并与引导码的规定时间进行比较。

（3）当接收到的信号的高、低电平持续时间与引导码的规定时间不同时，跳出外部中断 1 的中断服务函数。

（4）当接收到的信号的高、低电平持续时间与引导码的规定时间相同时，开始判断并接收 4 个字节的数据，并将接收到的数据保存在相应的变量中，同时置位红外接收数据标志位。

（5）在 main 函数中查询红外接收数据标志位是否置位：若未置位，证明此时没有收到红外数据；若已置位，证明收到了红外数据，此时可以将红外数据取出进行相应的操作。

将红外解码的程序写成一个单独的 c 文件和 h 文件，请写出实现代码。（Lcd. c 和 Lcd. h 文件中的代码参照任务 4 – 3）

infrared. h 代码：

infrared. c 代码：

main. c 代码：

2. 红外遥控器控制 LED 灯的亮灭

按下"0"，点亮与 P1.7 引脚连接的 LED 灯；按下"1"，熄灭与 P1.7 引脚连接的 LED 灯。请写出实现代码。（只需要修改 main. c 中的代码）

main. c 代码：

任务 6-3　物联网系统的设计与实现

知识目标

1. 了解物联网的基本概念，掌握物联网在智能生产线中的应用。
2. 了解 ESP8266 WI-FI 模块的作用，掌握 ESP8266 模块各引脚的作用。
3. 学会使用 PC 和单片机对 ESP8266 模块进行配置。
4. 学会单片机和 ESP8266 模块通信的方法，并使用单片机对 EPS8266 模块进行配置。
5. 学会使用单片机提取手机发送指令的方法，学会 memcmp、memset 函数的使用方法。

技能目标

1. 将 ESP8266 模块通过 USB 转 TTL 模块与 PC 连接并进行配置，使手机能够通过 ESP8266 模块与 PC 进行通信。
2. 将 ESP8266 模块与单片机连接并进行配置，使手机能够通过 ESP8266 模块与单片机进行通信。
3. 通过手机发送指令，控制智能硬件开发板的 LED 灯、数码管、LCD1602 显示屏等外设。

素养目标

培养学生严谨细致的工作作风与触类旁通的能力；提升劳动意识，对接职业标准，做一名合格的机电工程师。

任务描述

在智能生产线中，物联网系统可以将机器智能和人的智能真正地集合在一起互相配合，相得益彰。最简单的物联网系统以 ESP8266 为基础，配合手机、平板等终端设备，可以实现远程控制功能、自动获取智能生产线中的数据和实时看到生产线中每个步骤的执行情况，以实现更低的成本和更高的收益。本任务就利用 ESP8266 模块制作小型物联网系统，使手机能够与 PC 和单片机进行通信，从而控制智能硬件开发板。

相关知识

1. ESP8266 芯片与模块

1）ESP8266 芯片

ESP8266 是一种带低功耗 WI-FI 功能的物联网芯片，集成了 32 位 Tensilica 处理器、标准数字外设接口、天线开关、功率放大器、过滤器和电源管理模块等，并且拥有 2.4 GHz WI-FI 功能，在空旷的地区可以实现 300 m 内保持稳定的连接，就算在室内，也可以有 30 m 的稳定连接距离。正因为有这个特点，它成为许多智能家居设备中无线控制系统的首选芯片。单片机或 PC 可以通过 AT 指令与 ESP8266 进行通信，对 ESP8266 进行一些设置，从而使其成为我们想要的"无线路由器"。如果想搭建一个无线控制系统，单独一个 ESP8266 芯片是无法做到的，必须搭配上相应的外围电路，使之组成 ESP8266 模块（最小系统）。

2）ESP8266 无线收发芯片

图 6-15 所示就是一个 ESP8266 无线收发模块，其中包括了 ESP8266 芯片、无线收发天线、P25Q80H SPI Flash 和一些外围电路所需的电容、电阻。

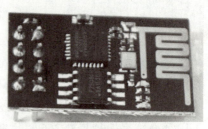

ESP8266 芯片：整个模块的核心，能够对外部发送来的指令数据进行分析处理，并将处理的结果通过天线发射出去。

图 6-15　ESP8266 模块

无线收发天线：ESP8266 模块上的天线是 FPC 天线，起到接收和发射信号的作用。其实质就是一小块柔性的 PCB，上面走铜线，下面不覆铜，简易实用。

P25Q80H SPI Flash：是一个存储材料，用来存储 ESP8266 的指令信息等内容。在单片机或 PC 向 ESP8266 发送指令时，ESP8266 会根据指令内容返回一些应答，这些应答与指令内容就存储在其中。

2. ESP8266 模块的使用

如果想使用 51 单片机 + ESP8266 搭建智能家居的无线网络，就需要利用电脑对 ESP8266 模块进行一些设置，以便于 ESP8266 和单片机进行通信。ESP8266 模块的引脚如图 6-16 所示。

UTXD	GND
CH_PD	GPIO2
RST	GPIO0
VCC	URXD

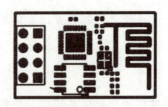

图 6-16　ESP8266 模块引脚

VCC、GND：ESP8266 模块的电源和地引脚。其中 VCC 要接 3.3 V 的电源，如果长时间使用 5 V 电源供电会烧坏模块。

CH_PD：模块的使能引脚。高电平时模块工作，低电平时模块会关闭供电，不工作。

RST：外部复位引脚。低电平时模块复位，高电平时模块工作，默认高电平。

UTXD：模块的数据接收引脚，需要接单片机的 RX 引脚。

URXD：模块的数据发送引脚，需要接单片机的 TX 引脚。

GPIO0：工作模式选择引脚，单片机使用 AT 指令和 ESP8266 进行通信时该引脚可不接。

GPIO2：开机上电时必须为高电平，内部默认已是高电平。单片机使用 AT 指令和 ESP8266 进行通信时该引脚可不接。

1）ESP8266 模块与电脑的通信

由于 ESP8266 的通信接口的电平和电脑的通信接口的电平逻辑不同，因此使用 ESP8266 和电脑通信时，就需要使用 USB 转 TTL 模块将双方的电平转换成都能识别的电平。具体操作就是将 ESP8266 模块的 VCC、GND、UTXD、URXD 和 CH_PD 与 USB 转 TTL 模块的 3.3 V、GND、RXD、TXD 和 3.3 V 连接，剩下的 RST、GPIO0 和 GPIO2 引脚不需要连接。

将 ESP8266 模块与 USB 转 TTL 模块连接后，再将 USB 转 TTL 模块的 USB 口插到电脑上，就可以利用电脑上的串口调试助手向 ESP8266 模块发送 AT 指令了。设置 ESP8266 所需的 AT 指令及具体说明如下：

（1）AT + CWMODE = < mode >。该指令的作用是设置 ESP8266 的工作模式，共有 3 种工作模式可选择：

mode = 1，Station 模式（客户端模式）。在该模式下 ESP8266 模块相当于一个客户端，可以连接其他路由器发出的 WI – FI 信号，主要应用在网络通信中。

mode = 2，AP 模式（路由器模式）。在该模式下，ESP8266 模块相当于一个路由器，其他设备可以连接到该模块发出的 WI – FI 信号，主要应用在主从设备的主机上。

mode = 3，Station + AP 模式（混合模式）。在该模式下，ESP8266 模块可以在与其他设备连接的同时充当路由器，结合了 Station 和 AP 模式的综合应用。

我们使用 51 单片机 + ESP8266 搭建智能家居的无线网络时，需要将 ESP8266 的模式设置为 AP 模式，即 AT + CWMODE = 2。

（2）AT + CWSAP = < ssid >，< pwd >，< chl >，< ecn >。

该指令的作用是设置 ESP8266 的 WI – FI 名称、密码、通道及加密方式，具体的参数含义如下：

ssid：ESP8266 模块的 WI – FI 名称，需设置成英文字符串，设置成中文容易出现连接失败。

pwd：ESP8266 模块的 WI – FI 密码，最大长度为 64 字节。

chl：通道号。

ecn：加密方式。ecn = 0，OPEN（开放，即不需要密码）；ecn = 1，WEP 方式；ecn = 2，WPA_PSK 方式；ecn = 3，WPA2_PSK 方式；ecn = 4，WPA_WPA2_PSK 方式。

在设置 WI – FI 时，通道号选择 1，加密方式采用和家庭路由器相同的 WPA2_PSK 方式，WI – FI 名称和密码可以设置成随意的英文加数字的组合，例如名称设置成 ESP8266，密码设置成 123456789，即 AT + CWSAP = "ESP8266"，"123456789"，1，3。

（3）AT + RST。

该指令的作用是重启模块，ESP8266 模块接收到该指令后会重启。

（4）AT + CIPMUX = < mode >。

该指令的作用是设置 ESP8266 模块是否允许多路连接模式。

mode = 0，单路连接模式。

mode = 1，多路链接模式。

例如要设置 ESP8266 模块为多路连接模式，就要发送 AT + CIPMUX = 1。

（5）AT + CIPSERVER = ＜ mode ＞ ＜ port ＞。

该指令的作用是设置 ESP8266 的服务器模式及端口号，默认的端口号 port = 333。

mode = 0：关闭服务器模式。

mode = 1：开启服务器模式。

例如要开启服务器模式并设置端口号为 8080，就要发送 AT + CIPSERVER = 1,8080。

指令（1）（2）（3）只需要设置一次即可永久生效，即使重启也不需要重新设置；指令（4）（5）在模块每次重启时都需要重新设置一次，否则不会生效。在电脑上的串口调试助手设置 ESP8266 模块的具体步骤如下，对应的操作步骤图如图 6 - 17 ~ 图 6 - 22 所示。

（1）设置串口波特率为 115 200（ESP8266 模块的默认波特率），选择发送模式为文本模式，然后发送 AT + RST 指令，成功后会返回一堆乱码 + ready。

（2）发送 AT + CWMODE = 2，设置 ESP8266 为 AP 模式。

（3）发送 AT + CWSAP = "ESP8266"，"123456789"，1，3，设置 WI - FI 名称、WI - FI 密码、通道号及加密方式。

（4）设置好前面两个步骤后，需要重启模块使设置生效，即发送 AT + RST。

（5）发送 AT + CIPMUX = 1，设置 ESP8266 为多路连接模式。

（6）发送 AT + CIPSERVER = 1,8080，设置服务器开启，端口号为 8080。设置完后，ESP8266 模块就可以作为一个无线路由器了。

（7）最后还需要发送一条指令 AT + CIFSR 指令，用来查询 ESP8266 的 IP 地址，默认为 192.168.4.1。

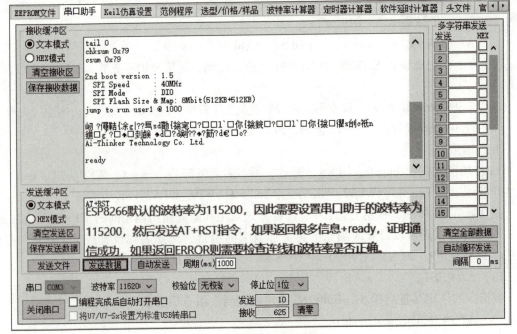

图 6 - 17   AT + RST 指令

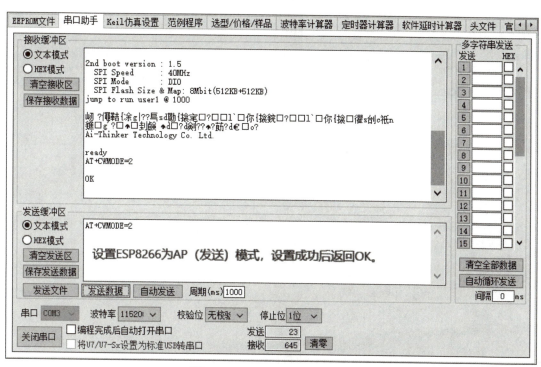

图 6 – 18　AT + CWMODE 指令

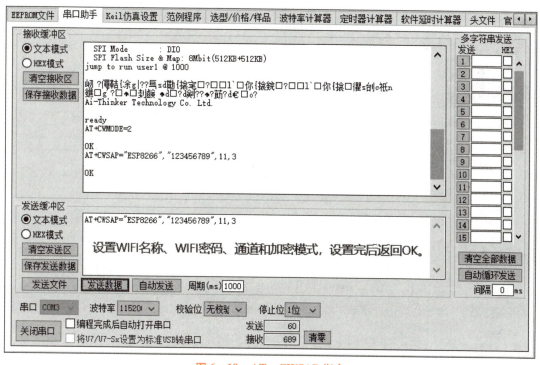

图 6 – 19　AT + CWSAP 指令

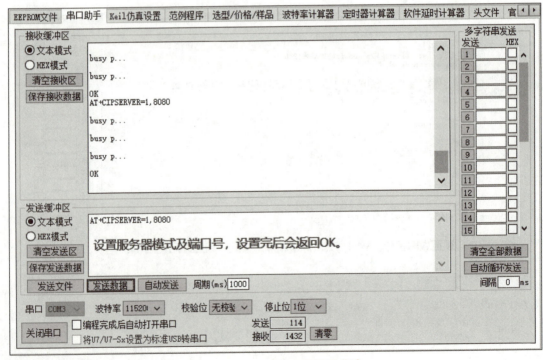

图 6 – 20　AT + CIPMUX 指令

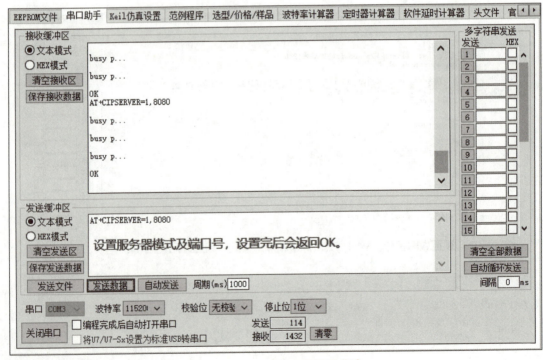

图 6 – 21　AT + CIPSERVER 指令

| EEPROM文件 | 串口助手 | Keil仿真设置 | 范例程序 | 选型/价格/样品 | 波特率计算器 | 定时器计算器 | 软件延时计算器 | 头文件 | 官 ◀ ▶ |

接收缓冲区
● 文本模式
○ HEX模式
清空接收区
保存接收数据

```
busy p...

busy p...

busy p...

busy p...

busy p...

busy p...
+CIFSR:APIP, "192.168.4.1"
+CIFSR:APMAC, "ce:50:e3:46:28:21"

OK
```

多字符串发送
发送   HEX
1
2
3
4
5
6
7
8
9
10
11
12
13
14
15

发送缓冲区
● 文本模式
○ HEX模式
清空发送区
保存发送数据

```
AT+CIFSR
查询设置好的IP地址，其中APIP后面就是IP地址，查询成功后返回OK。
```

清空全部数据
自动循环发送
间隔 0 ms

发送文件   发送数据   自动发送   周期(ms) 1000

串口 COM3   波特率 115200   校验位 无校验   停止位 1位

关闭串口   □ 编程完成后自动打开串口   发送 313
□ 将U7/U7-Sx设置为标准USB转串口   接收 3121   清零

图 6-22   AT+CIFSR 指令

　　通过上述步骤设置好 ESP8266 模块后，ESP8266 模块就成为一个路由器，名称是 ESP8266，密码是 123456789，然后就可以使用手机连接上该 WI-FI 了。打开手机的 WI-FI 设置，选择"ESP8266"，输入密码"123456789"后即可将手机与 ESP8266 模块连接。连接好后，打开手机中的网络调试助手（Android）或 TCP_UDP（IOS）调试软件，把协议类型设置为"TCP Client"，输入刚刚查询到的 IP 地址和端口号，具体的操作界面如图 6-23 所示。

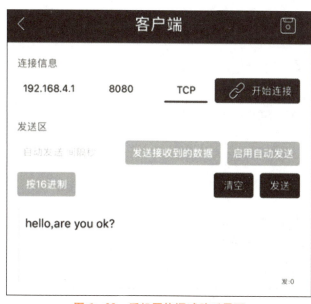

图 6-23   手机网络调试助手界面

单击"开始连接"按钮后，在电脑的串口调试助手上就可以看到"+IPD，x，x：来自手机客户端的消息"的信息，如图 6 - 24 所示，然后就可以在发送区发送任意指令了。例如发送"Hello，Esp8266！"即可在电脑的串口助手上收到由手机发送来的信息：+IPD，0，14：Hello，Esp8266！，如图 6 - 25 所示。

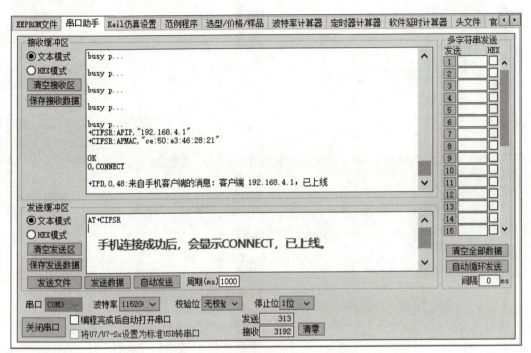

图 6 - 24　手机连接成功后电脑串口调试助手收到的信息

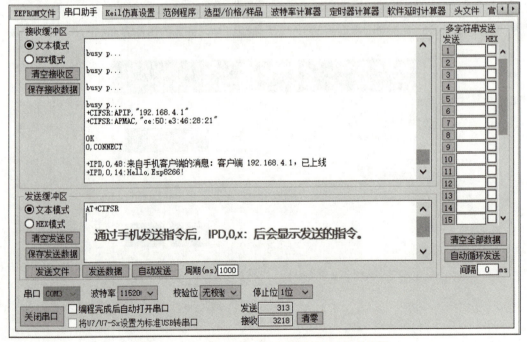

图 6 - 25　电脑串口调试助手收到手机发来的信息

在图 6－25 所示的信息中，"＋IPD，"是 ESP8266 模块发送来的固定字符串，"0"代表客户索引号，"14"代表接收信息的大小，"："后面就是我们通过手机向电脑发送的信息。当把 ESP8266 和单片机连接时，如果通过手机向单片机发送刚才的信息，那么单片机也会收到和电脑一样的字符串，只需要编写单片机的程序将"："后的字符串提取出来加以分析即可。例如通过手机向单片机发送"LED ON"，那么单片机就会收到"＋IPD，0，6：LED ON"，只需要提取出"LEN ON"就可以知道手机发送的指令意义是点亮 LED 灯。

2）ESP8266 模块与单片机的通信

由于使用 ESP8266 模块进行通信时，采用的是串行通信方式，而晶振频率为 11.059 2 MHz 的 51 单片机的常见通信波特率为 4 800 或 9 600，因此需要将 ESP8266 模块的串口通信波特率改为 4 800 或 9 600 才能通过串行通信的方式与单片机进行通信。更改 ESP8266 模块波特率的 AT 指令为：AT＋CIOBAUD＝＜baud＞，其中 baud 就是需要更改的波特率值。使用电脑的串口调试助手向 ESP8266 模块发送 AT＋CIOBAUD＝9 600，发送完毕后串口助手会返回"OK"，然后再发送 AT＋RST 重启模块，ESP8266 模块的串口通信波特率就被更改为 9 600。下面就使用单片机与 ESP8266 模块进行通信。

在 ESP8266 模块与电脑进行通信时，通过电脑的串口调试助手按顺序向 ESP8266 模块发送了 5 条指令，其中前三条指令只需要设置一次即可，重启也不会失效。而后两条指令是需要重启后重新设置的：

```
AT + CIPMUX = 1
AT + CIPSERVER = 1,8080
```

也就是说，每次开启 ESP8266 模块，都需要重新向模块发送一遍这两条指令。之前是使用电脑上的串口调试助手向 ESP8266 模块发送指令的，现在需要用单片机向 ESP8266 发送这两条指令才能够搭建 51 单片机＋ESP8266 模块的智能家居无线网络，具体方法是利用串口通信的方式将这两条指令发送给 ESP8266 模块。和电脑发送指令不同的是，在单片机上无法直接看到 ESP8266 模块返回给单片机的指令，只能通过手机中的网络调试软件来尝试连接 ESP8266 模块：如果连接正确，就说明单片机已经成功向 ESP8266 模块发送了这两条指令；如果连接失败，则需要检查程序，看看是哪里出错导致没有发送成功。

将 ESP8266 模块的 VCC、GND、UTXD、URXD 和 CH_ PD 与单片机的 3.3 V、GND（需要与单片机共地）、RXD、TXD 和 3.3 V 连接（如果单片机没有 3.3 V 电源，就需要采用 5 V 转 3.3 V 电源模块进行电压转换），如图 6－26 所示，然后将单片机发送指令的程序下载到单片机中，即可实现单片机向 ESP8266 模块发送指令。由于单片机向 ESP8266 模块发送指令属于初始化 ESP8266 模块，在以后使用 ESP8266 模块时都会使用，因此需要把这段程序单独写成 c 文件和 h 文件，方便后续的程序移植。

Esp8266. c：

```
1. #include "Esp8266.h"
2. /********* 延时函数,i =1 时延时约 1ms********* /
3. void delay_ms(unsigned int i)
4. {
5.    unsigned int j,k;
```

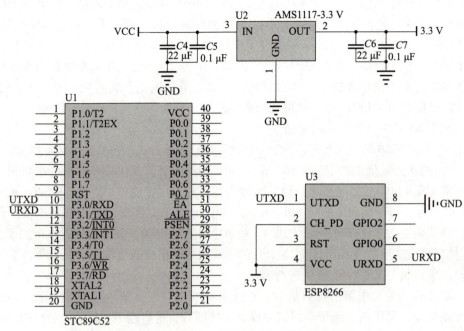

图 6 – 26　ESP8266 模块与单片机连接的电路图

6.　　　for(j = i;j > 0;j --)

7.　　　　　for(k = 118;k > 0;k --);

8.}

9. /********** 串口初始化函数********** /

10. void Usart_Init(void)

11. {

12.　　　TMOD = 0x20;　　　//定时器 1 工作在模式 2,自动重装载模式

13.　　　SCON = 0x50;　　　//串行口工作在模式 1

14.　　　TH1 = 0xFA;

15.　　　TL1 = 0xFA;　　　//定时器初值设定,波特率 4 800,晶振 11.059 2 MHz

16.　　　PCON = 0x80　　　//波特率加倍,最终波特率为 9 600

17.　　　ES = 0;　　　　　//关闭串口中断,为单片机向 ESP8266 发送 AT 指令做

准备

18.　　　EA = 1;　　　　　//开启总中断

19.　　　TR1 = 1;　　　　　//开启定时器 1

20.　　　REN = 1;　　　　　//允许接收

21. }

22. /********** 发送字符函数********** /

23. void SendChar(unsigned char c)

24. {

25.　　　SBUF = c;　　　　//将要发送的字符送入 SBUF

```
26.    while(! TI);        //发送完毕后,TI =1,此时退出 while 循环
27.    TI = 0;             //清空发送状态
28.    RI = 0;             //清空接收状态
29. }
30. /********** 发送字符串指令********** /
31. void SendStr(unsigned char * str)
32. {
33.    while(* str!= '\0')//当要发送的字符串没有发送到最后一位'\0'时,继
续发送字符
34.    {
35.        SendChar(* str);//调用发送字符指令,一个字符一个字符地发送
36.        str ++;          //每发送一次,地址加一,发送后面的字符
37.    }
38. }
39. /********** ESP8266 初始化函数********** /
40. void Esp8266_Init()
41. {
42.    SendStr("AT + CIPMUX = 1 \r \n");              //发送 AT + CIPMUX = 1
指令
43.    delay_ms(1000);
44.    SendStr("AT + CIPSERVER = 1,8080 \r \n");    //发送 AT + CIPSERVER =
1,8080 指令
45.    delay_ms(1000);
46.    ES =1;                                       //开启串口中断,为后续用串口接收信
息做准备
47. }
```

在上述程序中，先对 51 单片机的串行口进行初始化：设定定时器 1、串行口的工作方式和串行口的波特率。由于使用 51 单片机向 ESP8266 发送 AT 指令时采用的是查询方式，因此要关闭串行口中断，否则一旦串行口有数据传输，程序就会寻找串口中断服务函数导致数据无法发送。最后打开总中断，让定时器 1 开始工作。在初始化串行口后，需要编写发送字符串的函数。由于 51 单片机的串行口发送数据是一个一个字符发送的，因此首先编写发送字符函数，然后再利用循环发送的方式编写发送字符串函数。最后编写 ESP8266 初始化函数，即发送 AT + CIPMUX = 1 和 AT + CIPSERVER = 1,8080 指令。在发送这两条指令时，需要有一定的时间间隔，防止发送过快导致 ESP8266 不能正常接收。

Esp8266. h:

```
1. #ifndef _ESP8266_H
2. #define _ESP8266_H
3.
```

```
4. #include "reg52.h"
5.
6. /**** 下面为 Esp8266.c 中的函数声明 **** /
7. void delay_ms(unsigned int i);
8. void Usart_Init(void);
9. void SendChar(unsigned char c);
10. void SendStr(unsigned char * str);
11. void Esp8266_Init();
12.   #endif
```

编写好上述两个文件后，在 main.c 中调用串口初始化函数 Usart_Init() 和 esp8266 初始化函数 Esp8266_Init() 就可以实现单片机对 Esp8266 模块的配置了。

3. 单片机提取手机发送来的指令

在利用 PC 接收手机发送来的数据时，其格式为：+IPD, 0, x:。其中 x 是数据的大小，":" 后的内容就是手机发送来的信息。单片机接收手机发送来的数也是一样的，只需要提取 ":" 后的内容就可以提取手机发送来的信息。

如果只提取单一字符指令，以 "R" 为例，那么手机发送 "R" 时，单片机接收到的数据为：+IPD, 0, 1：R。由于单片机的串行口中断一次只能接收一个字符，因此在进行数据接收时，单片机会产生 10 次串行口中断，依次接收到从 "+" 到 "R" 这 10 个字符。每次接收时，都会将字符保存在 SBUF 中，即后一次接收的字符会覆盖前一次接收的字符。而所要提取的指令刚好是最后一位，也就是说在所有的数据都接收完毕后，SBUF 中保存的内容就是 "R"，因此我们只需要在串行口中断中将 SBUF 中的内容保存下来，即可提取手机发送给单片机的指令。

如果提取多字符指令，以 "Red On" 为例，那么手机发送 "Red On" 时，单片机接收到的数据为：+IPD, 0, 6：Red On。由于单片机的串行口中断一次只能接收一个字符，因此在进行数据接收时，单片机会产生 15 次串行口中断，依次接收到从 "+" 到 "n" 这 15 个字符。每次接收时，都会将字符保存在 SBUF 中，而单片机只需要提取 ":" 后的字符，因此需要对 SBUF 中的内容进行判断：当 SBUF 中的内容为 ":" 时，表示下一次接收的字符就是所需的指令字符，此时在下一次接收时就需要将 SBUF 中的内容保存在一个数组中；当 SBUF 中的内容不为 ":" 但是数组下标大于 0 时，证明上一次接收到的指令字符是所需的指令字符，即此时接收的字符也是所需的指令字符，也需要将 SBUF 中的内容保存在数组中。因此可以定义一个标志位，当 SBUF 中的内容为 ":" 或数组下标大于 0 时，将标志位置 1，此时将 SBUF 中的内容保存在数组中，每次保存后下标加 1，目的是防止下次保存时覆盖掉上次的数据。当 SBUF 中的内容为 "\n" 时，证明此时已经接收到字符串指令的最后一位，立即将标志位和下标清零，等待下一条指令的接收。

当接收完毕后，数组中前 6 个元素即 "R" "e" "d" " " "O" "n"，成功提取了手机发送来的多字符指令。

4. memcmp 函数

memcmp 函数的原型为 int memcmp（const void ＊srt1，const void ＊str2，int n）；其中 str1，str2 可以为数组，也可以为指向内存块的指针，也可以是字符串，n 为需要比较的字节数。当 str1 和 str2 为字符串时，比较的是各位的 ASCII 码值，其返回值为：

如果返回值<0，则表示 str1 小于 str2；

如果返回值>0，则表示 str2 小于 str1；

如果返回值=0，则表示 str1 等于 str2。

例如：str1[2]＝{1,2}，str2[2]＝{1,3}。

若 int r＝memcmp(str1,str2,1)，则 r＝0，表明 str1 和 str2 中第一个元素相同；若 int r＝memcmp(str1,str2,2)，则 r＝-1，表明 str1 和 str2 中前两个元素不完全相同或完全不相同。

5. memset 函数

memset 函数的原型为 extern void ＊memset(void ＊buffer,int c,int count)；其中 buffer 为指针或者数组，c 是赋给 buffer 的值，count 是 buffer 的长度，其作用是将 buffer 中的所有内容用 c 代替。

例如：str1[2]＝{1,2},str2[2]＝{1,3}，执行完 memset(str1,1,2) 和 memset(str1,0,2) 后，str1[2]＝{1,1},str2[2]＝{0,0}。

任务实施

1. 画出手机控制智能硬件开发板的电路图

画出通过手机发送指令控制 LED 灯、LCD1602 和步进电机的电路图。

2. 手机发送单一字符指令控制智能硬件开发板

在上述电路图的基础上，使用手机向智能硬件开发板发送指令"0"和"1"：

（1）发送指令"0"：点亮 LED 灯，步进电机正转，LCD1602 显示"0"。

（2）发送指令"1"：熄灭 LED 灯，步进电机反转，LCD1602 显示"1"。

在 main.c 中通过调用 Esp8266.c 中的 Usart_Init() 和 Esp8266_Init() 进行初始化，然

后编写控制程序。请写出实现代码。

3. 手机发送多个字符指令控制智能硬件开发板

在手机发送单一字符控制智能硬件开发板的基础上，使用手机向智能硬件开发板发送指令"ON"和"OFF"：

（1）发送指令"ON"：点亮 LED 灯，步进电机正转，LCD1602 显示"ON"。

（2）发送指令"OFF"：熄灭 LED 灯，步进电机反转，LCD1602 显示"OFF"。

请写出实现代码。

参 考 文 献

[1] 胡祝兵. 单片机应用技术［M］. 西安：西安交通大学出版社，2021.

[2] 邓立新. 单片机原理及应用 C51 语言［M］. 北京：清华大学出版社，2012.

[3] 倪志莲. 单片机应用技术［M］. 4 版. 北京：北京理工大学出版社，2019.

[4] 王静霞. 单片机应用技术（C 语言版）［M］. 3 版. 北京：电子工业出版社，2015.

[5] 邹振春. MCS‒5 列单片机及接口技术［M］. 北京：机械工业出版社，2006.

[6] 李雪峰. 单片机原理项目化教学［M］. 武汉：华中科技大学出版社，2018.

[7] 王国永. MCS‒51 单片机原理及应用［M］. 北京：机械工业出版社，2017.

[8] 迟忠君. 单片机应用技术项目式教程——Proteus 仿真 + 实训电路［M］. 北京：北京理工大学出版社，2019.

[9] 石长华. 51 系列单片机项目实践［M］. 北京：机械工业出版社，2021.

[10] 商联红. 单片机控制技术项目训练教程［M］. 北京：高等教育出版社，2015.

[11] 杨打生. 单片机 C51 技术应用［M］. 北京：北京理工大学出版社，2020.

[12] 周永东. 单片机技术及应用（C 语言版）［M］. 北京：电子工业出版社，2012.

[13] 齐晓旭. MCS‒51 单片机基础及实验技能训练［M］. 北京：机械工业出版社，2014.

[14] 张旭涛. 单片机原理与应用［M］. 3 版. 北京：北京理工大学出版社，2012.

[15] 杨宏丽. 单片机应用技术［M］. 西安：西安电子科技大学出版社，2019.